1+X 证书制度试点培训用书

U0192401

Web 前端开发
试题分析与解答（上册）

北京新奥时代科技有限责任公司　组编

电子工业出版社
Publishing House of Electronics Industry
北京·BEIJING

内 容 简 介

　　《Web 前端开发试题分析与解答》（上册）针对《Web 前端开发职业技能等级标准》（初级）内容进行编写，是促进 Web 前端开发职业技能等级证书试点院校教学的工具性教材。本书汇集了 2019 年 12 月、2020 年 12 月和 2021 年 12 月的 Web 前端开发初级真题试卷，对理论卷和实操卷分别进行真题解析，包括试卷结构、分值分布、考点分布，以及考点分析、解题思路等，书中的所有代码均在主流浏览器中运行通过。

　　本书结合《Web 前端开发职业技能等级标准》（初级）中的工作领域、工作任务和职业技能要求，以 Web 前端开发中的重要知识为单元组织理论卷，包括 HTML+HTML5、CSS+CSS3、JavaScript、jQuery，以每年的实操试题为单元组织实操卷。

　　本书主要分为两方面内容：一是理论卷解析，以 Web 前端开发中的重要知识为单元进行组织，每一单元包括考点分析、试题解析（2019 年、2020 年和 2021 年的试题汇编，包括单选题、多选题、判断题），每道题的解析内容包括考核知识和技能、解析过程、参考答案；二是实操卷解析，以每年的实操试题为单元进行组织，每道题包括题干和问题、考核知识和技能、试题解析、参考答案。

　　本书适合作为《Web 前端开发职业技能等级标准》2.0 版实践教学参考用书，也适合作为对 Web 前端开发感兴趣的学习者的指导用书。

图书在版编目（CIP）数据

Web 前端开发试题分析与解答. 上册 / 北京新奥时代科技有限责任公司组编. —北京：电子工业出版社，2023.2
ISBN 978-7-121-45147-8

Ⅰ. ①W… Ⅱ. ①北… Ⅲ. ①网页制作工具 Ⅳ. ①TP393.092.2

中国国家版本馆 CIP 数据核字（2023）第 037925 号

责任编辑：胡辛征　　　　　特约编辑：田学清
印　　刷：三河市良远印务有限公司
装　　订：三河市良远印务有限公司
出版发行：电子工业出版社
　　　　　北京市海淀区万寿路 173 信箱　　　邮编：100036
开　　本：787×1092　　1/16　　印张：18.5　　字数：462 千字
版　　次：2023 年 2 月第 1 版
印　　次：2023 年 2 月第 1 次印刷
定　　价：59.00 元

　　凡所购买电子工业出版社图书有缺损问题，请向购买书店调换。若书店售缺，请与本社发行部联系，联系及邮购电话：（010）88254888，88258888。

　　质量投诉请发邮件至 zlts@phei.com.cn，盗版侵权举报请发邮件至 dbqq@phei.com.cn。

　　本书咨询联系方式：（010）88254361，hxz@phei.com.cn。

前 言

在职业院校、应用型本科高校启动"学历证书+若干职业技能等级证书"（1+X）制度是贯彻落实《国家职业教育改革实施方案》（国发〔2019〕4 号文件）的重要内容。工业和信息化部教育与考试中心作为首批 1+X 证书制度试点工作的培训评价组织，组织技术、院校专家，基于从业人员工作范围、工作任务、实践能力，以及应具备的知识和技能，开发了《Web 前端开发职业技能等级标准》。该标准反映了行业企业对当前 Web 前端开发职业教育人才培养的质量规格要求。Web 前端开发职业技能等级证书培训评价自 2019 年实施以来，已经有近 1500 所中高职院校参与书证融通试点工作，通过师资培训、证书标准融入学历教育教学和考核认证等，Web 前端开发职业技能等级证书培训评价对改革软件专业教学、提高人才培养质量、推动促进就业起到了积极的作用。

为帮助读者熟悉《Web 前端开发职业技能等级标准》（初级）中涵盖的职业技能要求、考试要求、试卷结构、考点分布等，工业和信息化部教育与考试中心联合北京新奥时代科技有限责任公司组织企业工程技术人员和院校老师编写了本书。本书汇集了 2019 年、2020 年和 2021 年的 Web 前端开发初级试题，按《Web 前端开发职业技能等级标准》（初级）中的职业技能核心要求精心设计了试题解析，对理论卷和实操卷逐题进行分析和解答，每套试卷包括 50 道理论题和 4 道实操题。

本书主要分为两方面内容：一是理论卷解析，以 Web 前端开发中的重要知识为单元进行组织，每一单元包括考点分析、试题解析（单选题、多选题、判断题）；二是实操卷解析，以每年的实操试题为单元进行组织，每道题包括题干和问题、考核知识和技能、试题解析、参考答案。

第 1 章是概述，对 2019 年、2020 年和 2021 年的 Web 前端开发初级考试进行总体分析，包括试卷结构、分值分布、考点分布。

第 2 章至第 5 章是理论卷解析，将试题按知识单元和题型进行分类，分别对 HTML+HTML5、CSS+CSS3、JavaScript、jQuery 部分试题进行分析。针对每一知识单元进行考点分析，并对每类试题（单选题、多选题、判断题）进行逐题解析，每道题的解析内容包括考核知识和技能、解析、参考答案。

第 6 章至第 8 章是实操卷解析，按年份和试题号进行分类，对每道题进行逐题解析，解析内容包括题干和问题、考核知识和技能、试题解析、参考答案。

参与本书编写工作的有龚玉涵、谭志彬、张晋华、刘志红、马庆槐、王博宜、邹世长、吴晴月、郑婕、马玲、潘凯、姜宜池、徐海燕、金月光、王磊、娄焕谦、李蕾、牛芸等。

本书的编写工作得到了深圳信息职业技术学院、常州信息职业技术学院、青岛高新职业学校、山东传媒职业学院、辽宁职业学院、广东轻工职业技术学院、河南经贸职业学院、山东职业学院、京中华中等专业学校、山东轻工职业学院信息工程系、河北商贸学校、泰安市理工中等专业学校、深圳职业技术学院人工智能学院、襄阳职业技术学院等单位的支持和帮助。

限于编者水平和时间，书中难免存在不足之处，敬请读者批评和指正。

编 者

目 录

第 1 章
概述

1.1 理论卷介绍

1.1.1 试卷结构

初级理论卷的试题数量总计 50 题，总分值为 100 分，其中单选题 30 题、多选题 15 题、判断题 5 题，如表 1-1 所示。试题按照知识模块分为：静态网站制作（HTML+HTML5、CSS+CSS3）、JavaScript 网页编程、轻量级前端框架应用（jQuery）。

表 1-1

真题	试题类型	试题数量	分值
2019—2021 年理论卷	单选题	30 题	60 分
	多选题	15 题	30 分
	判断题	5 题	10 分
合计		50 题	100 分

1.1.2 分值分布

（1）初级理论卷的知识模块对应的试题数量如表 1-2 所示。

表 1-2

知识模块	2019 年理论卷	2020 年理论卷	2021 年理论卷
静态网站制作（HTML+HTML5、CSS+CSS3）	27 题	27 题	41 题
JavaScript 网页编程	18 题	17 题	4 题
轻量级前端框架应用（jQuery）	5 题	6 题	5 题

（2）初级理论卷的知识模块对应的试题数占比如图 1-1 所示。

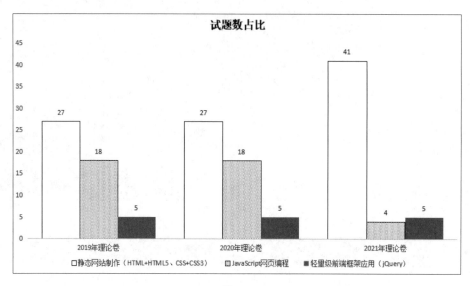

图 1-1

1.1.3 考点分布

初级理论卷对应的考点分布如表 1-3 所示。

表 1-3

真题	知识模块	考点（职业技能要求）
2019 年 理论卷	静态网站制作（HTML+HTML5、 CSS+CSS3）	（1）HTML HTML 基本结构、HTML 标签、全局属性、列表、表格、表单、超链接、文件路径、行内/块级元素等 （2）HTML5 HTML5 新增标签、HTML5 新特性等 （3）CSS 选择器、单位、文本样式、背景、盒模型、浮动、定位等 （4）CSS3 圆角边框、背景新特性、溢出、弹性布局等
	JavaScript 网页编程	引入、语句、变量、数据类型、运算符、流程控制、数组、函数、内置对象（Date 对象）、面向对象、BOM、DOM、事件、console 对象等
	轻量级前端框架应用（jQuery）	基础语法、选择器、DOM 操作等
2020 年 理论卷	静态网站制作（HTML+HTML5、 CSS+CSS3）	（1）HTML 超文本标记语言、HTML 基本结构、HTML 注释、HTML 属性、列表、表格、表单、超链接、文件路径、内联框架、块级元素等 （2）HTML5 HTML5 语义化标签、HTML5 新特性、HTML5 废弃元素、HTML5 兼容性等 （3）CSS CSS 引入、命名规范、CSS 语法、选择器、优先级、单位、颜色、字体、文本、背景、盒模型、区块、浮动、定位等 （4）CSS3 圆角边框、背景新特性、盒模型、盒阴影、弹性布局等

续表

真题	知识模块	考点（职业技能要求）
2020 年理论卷	JavaScript 网页编程	语句、变量、数据类型、运算符、流程控制、数组、函数、内置对象（Date 对象）、BOM、DOM、事件、console 对象等
	轻量级前端框架应用（jQuery）	基础语法、选择器、DOM 操作、动画等
2021 年理论卷	静态网站制作（HTML+HTML5、CSS+CSS3）	（1）HTML 超文本标记语言、HTML 基本结构、HTML 属性、列表、表格、表单、超链接、文件路径、内联框架、块级元素等 （2）IITML5 HTML5 新增标签、HTML5 标签的默认值等 （3）CSS 引入、命名规范、CSS 语法、选择器、优先级、单位、颜色、字体、文本、背景、盒模型、区块、浮动、定位等
	JavaScript 网页编程	编码规范、变量、定时器 setInterval()、console.log()、alert()等
	轻量级前端框架应用（jQuery）	基础语法、选择器、DOM 操作、事件等

1.2　实操卷介绍

1.2.1　试卷结构

初级实操卷共 4 道试题，总分值为 100 分，试题类型、项目背景和分值如表 1-4 所示。

表 1-4

真题	题号	试题类型	项目背景	分值
2019 年实操卷	一	静态网站制作	新闻网站首页	20 分
	二	网页效果呈现	购物网站首页	28 分
	三	网页编程	简易的网页计算器	30 分
	四	网页编程	简易学生管理功能	22 分
2020 年实操卷	一	静态网站制作	展示房屋装修效果的移动端网站	20 分
	二	网页效果呈现	购物网站首页	30 分
	三	网页效果呈现	天气预报	28 分
	四	网页编程	项目提成计算器	22 分
2021 年实操卷	一	网页效果呈现	移动端学院门户网站	28 分
	二	网页编程	网页计算器	28 分
	三	静态网站制作	新闻网站	22 分
	四	静态网站制作	课程信息管理系统	22 分

1.2.2　分值分布

（1）初级实操卷的知识模块对应的试题数量如表 1-5 所示。

表 1-5

知识模块	2019 年实操卷	2020 年实操卷	2021 年实操卷
静态网站制作（HTML/HTML5）	1 题	1 题	2 题
网页效果呈现（HTML/HTML5+CSS/CSS3）	1 题	2 题	1 题
网页编程（JavaScript+jQuery）	2 题	1 题	1 题

（2）初级实操卷的知识模块对应的试题数占比，如图 1-2 所示。

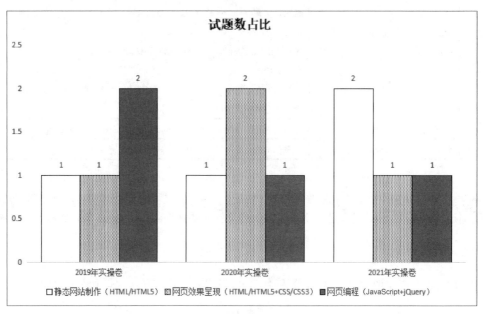

图 1-2

1.2.3　考点分布

初级实操卷对应的考点分布如表 1-6 所示。

表 1-6

真题	题号	试题类型	考点（职业技能要求）
2019 年 实操卷	一	静态网站制作	HTML（基本结构、全局属性、图像、表格、超链接等）
	二	网页效果呈现	（1）HTML （2）CSS（引入、选择器、盒模型、display、float、overflow 等）
	三	网页编程	（1）HTML （2）JavaScript（引入、基础语法、函数、DOM 操作、事件等）
	四	网页编程	（1）HTML （2）CSS （3）CSS3 （4）JavaScript （5）jQuery（引入、DOM 操作、遍历、事件、动画等）
2020 年 实操卷	一	静态网站制作	（1）HTML（基本结构、全局属性、表单等） （2）HTML5（语义化元素、页面增强元素、多媒体元素等）

续表

真题	题号	试题类型	考点（职业技能要求）
2020 年 实操卷	二	网页效果呈现	（1）HTML （2）CSS（引入、选择器、盒模型、display、float、position 等）
	三	网页效果呈现	（1）HTML （2）CSS （3）CSS3（圆角边框、字体、动画、Flex 弹性布局、多列布局等）
	四	网页编程	（1）HTML （2）CSS （3）JavaScript（引入、基础语法、DOM 操作、事件、面向对象等）
2021 年 实操卷	一	网页效果呈现	（1）HTML （2）HTML5 （3）CSS（引入、选择器、浮动等） （4）CSS3（圆角边框、文本阴影、自定义字体、渐变等）
	二	网页编程	（1）HTML （2）CSS （3）JavaScript（引入、函数、事件、面向对象、正则表达式等）
	三	静态网站制作	HTML（基本结构、表格、表单、超链接等）
	四	静态网站制作	HTML（超链接、表格、表单、iframe 框架等）

第2章
HTML+HTML5

2.1 考点分析

理论卷中的 HTML+HTML5 相关试题的考核知识和技能如表 2-1 所示，2019 年至 2021 年三次考试中的 HTML+HTML5 相关试题的平均分值约为 27 分。

表 2-1

真题	题型			总分值	考核知识和技能
	单选题	多选题	判断题		
2019 年理论卷	8	3	1	24	HTML 基本结构、HTML 标签、全局属性、列表、表格、表单、超链接、文件路径、行内/块级元素、HTML5 新增标签、HTML5 新特性等
2020 年理论卷	7	1	1	18	超文本标记语言、HTML 基本结构、HTML 属性、HTML 注释、列表、表格、表单、超链接、文件路径、内联框架、块级元素、HTML5 语义化标签、HTML5 新特性、HTML5 废弃元素、HTML5 兼容性等
2021 年理论卷	14	5	1	40	超文本标记语言、HTML 基本结构、HTML 属性、列表、表格、表单、超链接、文件路径、内联框架、块级元素、HTML5 新增标签、HTML5 标签的默认值等

2.2 单选题

2.2.1 2019 年-第 1 题

说明：**2019 年单选题-第 1 题（初级）**同 **2020 年单选题-第 30 题（初级）**类似，以此题为代表进行解析。

哪个标签用于表示 HTML 文档的结束？（   ）

A．</body>   B．</html>   C．</table>   D．</title>

（一）考核知识和技能

1．HTML 页面基本结构

2．<title>标签

3．<table>标签

（二）解析

1．HTML 页面基本结构

HTML 页面基本结构分为 HTML 文档声明、页面根元素 html、头部内容 head、主体内容 body 这 4 个部分。一个 HTML 页面基本结构的示例代码如下：

```
<!-- 1.HTML 文档声明 -->
<!DOCTYPE html>
<!-- 2.页面根元素 html -->
<html>
    <!-- 3.头部内容 head -->
    <head>
        <meta charset="utf-8">
        <!-- 标题标签 -->
        <title></title>
    </head>
    <!-- 4.主体内容 body -->
    <body>
    </body>
</html>
```

（1）<!DOCTYPE html>：声明当前文档的类型，让浏览器明白其处理的是 HTML 文档。

（2）<html></html>标签：页面根元素，包含了整个页面中除 HTML 文档声明外的所有内容。

（3）<head></head>标签：包含了所有想包含在 HTML 页面中但不想在 HTML 页面中显示的内容，这些内容包括 CSS 样式、JS 脚本、字符集声明等。

（4）<body></body>标签：包含了访问页面时所有显示在页面上的内容，如文本、表格、图像、视频等。

2．<title>标签

<title>标签用于设置页面的标题。浏览器通常将该标签包含的内容显示在顶部标签页上。

3．<table>标签

<table>标签用于在页面中创建表格。在<table>标签内部，使用<tr>标签定义表格行、<th>标签定义表头单元格、<td>标签定义普通单元格。<table>标签还具有一些属性，例如，使用其 border 属性可以设置表格的边框。

<title>标签和<table>标签的示例代码如下：

```
<!DOCTYPE html>
<html>
    <head>
        <meta charset="utf-8">
        <title>表格示例</title>
    </head>
    <body>
        <table border="1">
            <tr>
                <th>英文名称</th>
```

```
                <th>中文名称</th>
                <th>版本号</th>
            </tr>
            <tr>
                <td>HTML</td>
                <td>超文本标记语言</td>
                <td>5</td>
            </tr>
            <tr>
                <td>CSS</td>
                <td>层叠样式表</td>
                <td>3</td>
            </tr>
        </table>
    </body>
</html>
```

上述代码的运行效果，如图 2-1 所示。

图 2-1

综上所述，</html>标签位于 HTML 文档的最后面，用来标识 HTML 文档的结束。在 HTML 中，标签名不区分大小写，所以</html>和</HTML>是等价的。

（三）参考答案：B

2.2.2　2019 年-第 4 题

在标签中，以下哪个属性用于指定元素的行内样式？（　　　）

A．class　　　　　　B．id　　　　　　C．style　　　　　　D．title

（一）考核知识和技能

1．HTML 全局属性

2．行内样式

（二）解析

1．HTML 全局属性

HTML 全局属性是每个元素都可以添加的属性，可以被 CSS 或 JavaScript 使用，常用的全局属性有以下 4 种。

（1）id 属性：规定 HTML 元素的唯一 id。

```
<p id="value"></p>
```

（2）class 属性：定义元素的类名，通常用于指向样式表的类。class 属性可以重复使用。

```
<p class="value"></p>
```

（3）style 属性：规定元素的行内样式。

```
<p style="value"></p>
```

（4）title 属性：指定与元素相关的提示信息。当鼠标指针放在元素上时，提示信息会被呈现出来。

```
<p title="title"></p>
```

2．行内样式

（1）行内样式是指使用元素的 style 属性设置的该元素的样式，可以直接把 CSS 代码添加到 HTML 标签中。

```
<p style="color:blue;background-color:yellow">字体</p>
```

（2）行内样式的显示效果，如图 2-2 所示。

综上所述，class 属性、id 属性、style 属性、title 属性都是 HTML 全局属性，其中 style 属性用于设置元素的行内样式。

（三）参考答案：C

图 2-2

2.2.3　2019 年-第 9 题

HTML 是什么语言？（　　　）

A．高级文本语言　　　　　　　　B．超文本标记语言

C．扩展标记语言　　　　　　　　D．图形化标记语言

（一）考核知识和技能

HTML 定义

（二）解析

HTML 是用来描述网页的一种语言。

（1）HTML 不是一种编程语言，而是一种标记语言（Markup Language）。

（2）标记语言是一套标记标签（Markup Tag）。

（3）HTML 使用标记标签描述网页。

综上所述，HTML 是超文本标记语言（Hyper Text Markup Language）。

（三）参考答案：B

2.2.4　2019 年-第 10 题

下列哪一项表示的不是按钮？（　　　）

A．type="submit"　　　　　　　　B．type="reset"

C．type="select"　　　　　　　　D．type="button"

（一）考核知识和技能

1．表单标签\<form\>

2．\<input\>标签

3．下拉列表标签\<select\>

4．\<button\>标签

（二）解析

1．表单标签\<form\>

表单用于向服务器传输数据。\<form\>标签具有 method 和 action 两个属性。

（1）method 属性：规定提交表单时所用的 HTTP 方法（POST/GET）。

（2）action 属性：规定向何处提交表单数据。

```
<form method="get" action="#">
   <!--......-->
</form>
```

2．\<input\>标签

（1）\<input\>标签是重要的表单控件，通常和表单一起使用。根据不同的 type 属性值，该标签有很多形态。

```
<form>
  <input type="text" /><br>           <!-- 文本输入框 -->
  <input type="password" /><br>       <!-- 密码输入框 -->
  <input type="radio" /><br>          <!-- 单选按钮 -->
  <input type="checkbox" /><br>       <!-- 复选框 -->
  <input type="file" /><br>           <!-- 文件上传 -->
  <input type="button" /><br>         <!-- 普通按钮 -->
  <input type="submit" /><br>         <!-- 表单提交按钮 -->
  <input type="reset" /><br>          <!-- 表单重置按钮 -->
</form>
```

（2）\<input\>标签的显示效果，如图 2-3 所示。

3．下拉列表标签\<select\>

（1）\<select\>标签是重要的表单控件，通常和表单一起使用。下拉列表内的选项由\<option\>标签定义。

```
<select>
   <option selected="selected">选项 1</option>
   <option>选项 2</option>
</select>
```

（2）\<select\>标签的显示效果，如图 2-4 所示。

4．\<button\>标签

\<button\>标签用于定义一个按钮，\<button\>与\</button\>之间的所有内容都是按钮的内容，如文本或图像。\<button\>标签具有 type 属性，可以通过设置 type 属性值来规定按钮的类型，属性值包括 button、reset、submit，W3C 规范默认属性值为 type="submit"。<button> 标签与<input type="button">标签相比，提供了更强大的功能和更丰富的内容。

```
<button type="button">按钮内容</button>
```

图 2-3

图 2-4

综上所述，type="submit"表示表单提交按钮，type="reset"表示表单重置按钮，type= "select"无法表示按钮，因为 type 属性没有 select 属性值且<select>标签不属于按钮，type="button"表示普通按钮。

（三）参考答案：C

2.2.5 2019 年-第 13 题

A 目录与 B 目录是同级目录，其中 A 目录下有 a.html 文件，B 目录下有 b.html 文件，现在我们希望在 a.html 文件中创建超链接，链接到 b.html 文件，应该在 a.html 页面代码中如何描述链接内容？（ ）

A．b.html B．./././B/b.html C．../B/b.html D．../../b.html

（一）考核知识和技能

1．URL

2．相对路径

3．超链接标签<a>的 href 属性

（二）解析

1．URL

URL 是 Uniform Resource Locator（统一资源定位符）的缩写，也就是互联网上的资源的位置和访问方法的一种简洁表示，是互联网上的资源的地址。资源可以是一个 HTML 页面、一个 CSS 文档、一幅图像等。

2．相对路径

相对路径是以当前目录为起点，推算资源的位置，如图 2-5 所示。

（1）在当前目录下，斜线/表示网站的根目录。

（2）在当前目录下，../号开头表示上级目录，也是网站目录。

3．超链接标签<a>的 href 属性

<a>标签用于单击该超链接时从当前页面跳转到指定位置。其具有 href 属性，用于指定超链接的目标 URL，href 属性值分为以下三大类。

（1）绝对 URL：指向另一个站点（href="http://www.example.com/index.htm"）。

（2）相对 URL：指向站点内的某个文件（href="index.htm"）。

（3）锚 URL：指向页面中的锚，格式为"#+标签 id"或者"#"（href="#top"）。

根据题干信息，可知该网站具有如图 2-6 所示的目录结构。

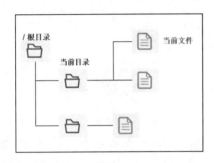

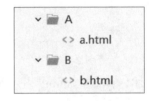

图 2-5　　　　　　　　　　　　　　　　　图 2-6

综上所述，题目要求从 a.html 跳转到 b.html，由于../可以返回上级目录，../B 可以找到 B 目录，因此../B/b.html 可以找到 b.html。

（三）参考答案：C

2.2.6　2019 年-第 16 题

在 HTML 标签中，用什么方法可以将文本在页面内居中？（　　　）

A．place=middle　　B．type=middle　　C．align=center　　D．type=center

（一）考核知识和技能

1．元素属性

2．type 属性

3．align 属性

（二）解析

1．元素属性

元素属性的写法类似于 HTML 标签内部的键-值对的写法，属性名与属性值通过等号"="连接。

2．type 属性

type 属性用于规定 input 元素的类型，常见的属性值如下。

（1）type="text"：文本输入框。

（2）type="button"：按钮。

3．align 属性

（1）align 属性用于规定 div 元素内容的水平对齐方式，属性值有 left（左对齐内容）、

right（右对齐内容）、center（居中对齐内容）。

注意：W3C 规范不建议使用元素的 align 属性，一般使用 CSS 的 text-align 属性代替。

```
<p style="border:1px solid black">没有规定对齐方式。</p>
<p align="center" style="border:1px solid black">居中对齐</p>
```

（2）align 属性的显示效果，如图 2-7 所示。

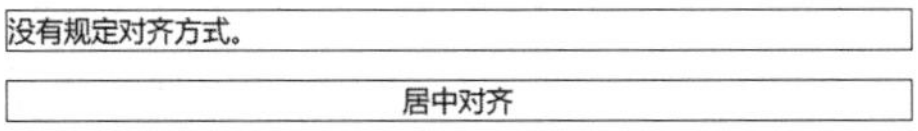

图 2-7

综上所述，align=center 为居中对齐内容，其他 3 个选项为干扰项，没有对应的属性值。

（三）参考答案：C

2.2.7 2019 年-第 19 题

以下哪个标签是 HTML5 新增标签？（   ）

A．<form>   B．<iframe>

C．<figure>   D．<table>

（一）考核知识和技能

1．HTML 标签

2．HTML5 新增标签

（二）解析

1．HTML 标签

（1）<form>标签用于定义 HTML 表单。

（2）<iframe>标签用于创建内联框架。

（3）<table>标签用于定义表格。

2．HTML5 新增标签

（1）新多媒体标签：<audio>、<video>、<embed>。

（2）新表单标签：<datalist>。

（3）新的语义和结构标签：<article>、<aside>、<section>、<figure>、<nav>。

综上所述，<figure>标签是 HTML5 新增标签，用于规定独立的流内容。

（三）参考答案：C

2.2.8 2019 年-第 29 题

关于 HTML5 以下说法不正确的是（   ）。

A．HTML5 中的某些元素可以省略结束标签

B．解决了跨浏览器、跨平台的问题

C．HTML5 保留了以前的绝大部分标签

D．标签名区分大小写

（一）考核知识和技能

1．HTML 和 HTML5

2．标签

3．浏览器支持（HTML5 的兼容性）

（二）解析

1．HTML 和 HTML5

（1）HTML 4.01 于 1999 年 12 月 24 日发布，此后 W3C（World Wide Web Consortium，万维网联盟）不再继续发展 HTML，主要工作集中在 XHTML 上，XHTML 1.0 发布于 2000 年 1 月 26 日。

（2）W3C 于 2008 年 1 月 22 日公布 HTML5 工作草案，HTML5 是 W3C 与 WHATWG 合作的结果。目前，HTML5 仍处于完善中，但大部分现代浏览器已经具备了某些 HTML5 支持。

HTML5 增加了一些有趣的新特性，如语义元素（article、footer、header、nav、section）、video 和 audio 元素、绘画元素 canvas、新的表单控件等。

2．标签

HTML 代码由标签（Tag）构成。标签用来告诉浏览器，如何处理这段代码。标签的内容就是浏览器所要渲染的、展示在网页上的内容。

（1）标签名不区分大小写，一般习惯使用小写形式。

（2）双标签：标签放在一对尖括号里面，由开始标签和结束标签两部分构成（这两部分标签名是相同的）。

（3）单标签：单标签是由一个标签组成的，只有开始标签，没有结束标签。在 HTML5 中，单标签不用写关闭符号。

（4）HTML5 新增了多媒体单标签，如<source>、<embed>。

3．浏览器支持（HTML5 的兼容性）

最新版本的 Safari、Chrome、Firefox 和 Opera 浏览器支持某些 HTML5 特性。Internet Explorer9 将支持某些 HTML5 特性。

综上所述，HTML5 保留了以前的绝大部分标签，解决了跨浏览器、跨平台的问题，某些元素可以省略结束标签且标签名不区分大小写。

（三）参考答案：D

2.2.9　2020 年-第 1 题

以下为超文本标记语言简称的是？（　　　）

A．DIV　　　　　　B．PHP　　　　　C．HTML　　　　　D．CSS

（一）考核知识和技能

1．DIV 元素

2．PHP 定义

3．HTML 定义

4．CSS 定义

（二）解析

1．PHP 定义

PHP 是 Hypertext Preprocessor（超文本预处理器）的缩写，是一种脚本语言。

2．HTML 定义

HTML 是 Hyper Text Markup Language（超文本标记语言）的缩写，是用来描述网页的一种语言。

3．CSS 定义

CSS 是 Cascading Style Sheets（层叠样式表）的缩写。

4．DIV 元素

DIV 是 HTML 标签，是一个块级元素。

（1）<div>标签用于定义 HTML 文档中的一个分隔区块或者一个区域部分。

（2）<div>标签常用于组合块级元素，以便通过 CSS 来对这些元素进行格式化。

综上所述，超文本标记语言的简称是 HTML。

（三）参考答案：C

2.2.10　2020 年-第 4 题

以下哪个标签是 HTML5 新增标签？（　　　）

A．<form>　　　　B．<iframe>　　　　C．<header>　　　　D．<table>

（一）考核知识和技能

1．HTML 标签

2．HTML5 新增标签

（二）解析

1．HTML 标签

（1）<form>标签用于定义 HTML 表单。

（2）<iframe>标签用于创建内联框架。

（3）<table>标签用于定义表格。

2．HTML5 新增标签

（1）新多媒体标签：<audio>、<video>、<embed>。

（2）新表单标签：<datalist>。

（3）新的语义和结构标签：<header>、<article>、<aside>、<section>、<figure>、<nav>。

综上所述，<header>是 HTML5 新增标签，定义了文档的头部区域。

（三）参考答案：C

2.2.11 2020 年-第 5 题

A 目录与 B 目录是同级目录，其中 A 目录下有 1.html 和 2.html 文件，B 目录下有 3.html 和 4.html 文件，现在我们希望在 1.html 文件中创建超链接，链接到 4.html 文件，应该在 1.html 页面代码中如何描述链接内容？（　　）

A．4.html B．./B/4.html C．../B/4.html D．../../4.html

（一）考核知识和技能

1．URL
2．相对路径
3．超链接标签<a>的 href 属性

（二）解析

根据题干信息，可知该网站具有如图 2-8 所示的目录结构。

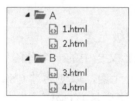

图 2-8

综上所述，题目要求从 1.html 链接到 4.html，由于 ../可以返回上级目录，../B 可以找到 B 目录，因此../B/4.html 可以找到 4.html。

（三）参考答案：C

2.2.12 2020 年-第 7 题

下列哪个是 HTML 中注释的正确写法？（　　）

A．<!-- …… --> B．//…… C．/*……*/ D．##

（一）考核知识和技能

1．HTML 注释
2．CSS 注释
3．JavaScript 注释

（二）解析

1．HTML 注释

（1）HTML 注释的语法格式为<!--……-->，注释内容会被忽略，不会被执行。

```
<!--HTML 注释-->
<div>
 <p>Hello World!</p>
 <p>这个段落采用 CSS 样式化</p>
</div>
```

（2）HTML 注释后的显示效果，如图 2-9 所示。

2．CSS 注释

（1）CSS 注释的语法格式为/* ...... */，注释内容会被忽略，不会被执行。

```
/*CSS 注释*/
p{
  /*color: red;
  font-size: 20px;*/
  text-align: center;
}
```

（2）CSS 注释后的显示效果，如图 2-10 所示。

Hello World!

这个段落采用CSS样式化

图 2-9

Hello World!

这个段落采用CSS样式化

图 2-10

3．JavaScript 注释

JavaScript 注释分为单行注释//和多行注释/* ...... */，注释内容会被忽略，不会被执行。

```
//单行注释
var a = 1;
/*JavaScript 注释
多行注释*/
var A = 3;
```

需要注意的是，##注释不属于 HTML、CSS、JavaScript 这 3 种注释。

综上所述，HTML 中注释的正确写法为<!-- ...... -->。

（三）参考答案：A

2.2.13　2020 年-第 21 题

关于 HTML5 以下说法不正确的是（　　）。

A．HTML5 中的某些元素可以省略结束标签

B．解决了跨浏览器、跨平台的问题

C．增加<div>标签的使用频率，减少 HTML5 新标签的使用数量可以显著提高开发效率

D．HTML5 保留了以前的绝大部分标签

（一）考核知识和技能

1．HTML 和 HTML5

2．标签

3．浏览器支持（HTML5 兼容性）

（二）解析

（1）HTML5 可以省略结束标签的元素：colgroup、dt、dd、li、optgroup、p、rt、rp、

thread、tbody、tfoot、tr、td、th。

（2）在 HTML5 之前，各大浏览器厂商为了争夺市场占有率，会在各自的浏览器中增加各种各样的功能，并且不具有统一的标准。因此使用不同的浏览器，常常看到不同的页面效果。而 HTML5 很好地解决了跨浏览器的问题，并且 HTML5 纳入了所有合理的扩展功能，具有良好的跨平台性能。

（3）由于 HTML5 是 HTML 的一个版本，兼容之前的版本，所以 HTML5 保留了以前的绝大部分标签。

（4）许多网站包含了指示导航、页眉和页脚的 HTML 代码，例如，<div id="nav">、<div class="header">、<div id="footer">。HTML5 提供了定义页面不同部分的语义标签：<article>、<aside>、<details>、<figcaption>、<figure>、<footer>、<header>、<main>、<mark>、<nav>、<section>、<summary>、<time>等。减少<div>标签的使用频率，使用 HTML5 语义标签，能够更恰当地描述内容，增加代码的可读性，提高开发效率。

综上所述，HTML5 保留了以前的绝大部分标签，解决了跨浏览器、跨平台的问题，某些元素可以省略结束标签，并且减少<div>标签的使用频率，多使用 HTML5 新的元素可以创建更好的页面结构并提高开发效率。

（三）参考答案：C

2.2.14　2020 年-第 29 题

下列哪一项表示单选按钮？（　　　）

A．type="submit"　　B．type="reset"　　　　C．type="select"　　　D．type="radio"

（一）考核知识和技能

1．表单

2．表单元素

（二）解析

1．表单

<form>标签用于创建表单，表单接收用户输入的数据并把数据传输到服务器上。

2．表单元素

（1）input 元素：根据不同的 type 属性值，可以创建不同的表单控件。

```
<form>
    <p>
        文本输入框: <input type="text" />
    </p>
    <p>
        密码输入框: <input type="password" />
    </p>
    <p>
        单选按钮: <input type="radio" />
    </p>
    <p>
```

```
    复选框：<input type="checkbox" />
  </p>
  <p>
    表单提交按钮：<input type="submit" />
  </p>
  <p>
    表单重置按钮：<input type="reset" />
  </p>
</form>
```

上述代码的运行效果，如图 2-11 所示。

（2）select 元素：创建下拉列表，并且下拉列表中可以包含多个列表项。

```
<form>
  <select>
    <option selected="selected">选项 1</option>
    <option>选项 2</option>
  </select>
</form>
```

上述代码的运行效果，如图 2-12 所示。

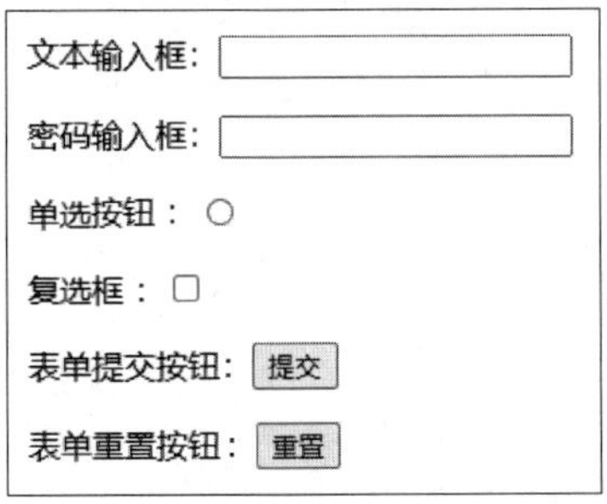

文本输入框：
密码输入框：
单选按钮： ○
复选框： ☐
表单提交按钮：[提交]
表单重置按钮：[重置]

图 2-11

图 2-12

综上所述，A 选项的 type="submit"表示表单提交按钮；B 选项的 type="reset"表示表单重置按钮；C 选项的 type="select"写法错误，input 元素没有此属性值，需改用 select 元素；D 选项的 type="radio"表示单选按钮，故 D 选项是正确答案。

（三）参考答案：D

2.2.15　2021 年-第 1 题

下列代码在页面中显示的效果是（　　　）。

```
<div class="display" title="jack">无法显示</div>
```

A．div　　　　　　B．jack　　　　　　C．无法显示　　　　D．display

（一）考核知识和技能

1．HTML 全局属性

2．<div>标签

（二）解析

1．HTML 全局属性

HTML 全局属性是每个元素都可以添加的属性，可以被 CSS 或者 JavaScript 使用，常用的全局属性有 id、class、style、title 4 种，本题涉及其中的两种。

（1）class 属性：定义元素的类名，通常用于指向样式表的类，class 属性可以重复使用。本题中 class 属性的值为 display。

```
<div class="value"></div>
```

（2）title 属性：指定与元素相关的提示信息，当鼠标指针放在元素上时，提示信息会被呈现出来。在本题中，将鼠标指针放在<div>标签上会显示提示信息"jack"。

```
<div title="value"></div>
```

2．<div>标签

（1）<div>标签：用于定义 HTML 文档中的一个分隔区块或者一个区域部分，经常与 CSS 一起使用，用来布局网页。

```
<html>
    <head>
        <meta charset="utf-8">
        <title>标题</title>
        <style>
            .display{
                color: red;
            }
        </style>
    </head>
    <body>
        <div class="display" title="jack">无法显示</div>
    </body>
</html>
```

（2）<div>标签的显示效果，如图 2-13 所示。

综上所述，页面中仅显示<div>标签中的文字"无法显示"，具体的显示样式取决于 display 类如何设置，图 2-13 的显示效果是因为在 display 类中添加了一条将文字颜色设置为红色的 CSS 属性设置。提示信息"jack"需要将鼠标指针放在<div>标签上才会被显示出来。

图 2-13

（三）参考答案：C

2.2.16　2021 年-第 3 题

与<body>标签同层的标签是（　　）。

A．<title>标签　　　B．<button>标签　　　C．<head>标签　　　D．<meta>标签

（一）考核知识和技能

1．HTML 文档的基本结构

2．按钮标签

（二）解析

1．HTML 文档的基本结构

HTML 文档由头部内容（head）和主体内容（body）两部分组成，在这两部分的外面加上<html></html>标签说明此文档是 HTML 文档，这样浏览器才能正确识别 HTML 文档。第一行<!DOCTYPE html>声明了文档类型，告知浏览器用哪一种标准解释 HTML 文档。

```
<!DOCTYPE html>
  <html>
    <head>
        <meta charset="UTF-8">
        <title>标题</title>
    </head>
    <body>
        文档主体
    </body>
  </html>
```

（1）<head></head>标签：用于定义文档的头部，是所有头部元素的容器。头部元素包括<title>、<script>、<style>、<link>、<meta>标签等。

• <title></title>标签：标题标签，用于定义网页文档的标题。

• <meta>标签：用于描述一个 HTML 网页文档的属性，如作者、日期和时间、网页描述、字符编码（charset="UTF-8"规定 HTML 文档的字符编码为 UTF-8）、关键词、页面刷新等。

（2）<body></body>标签：用于定义文档的主体，也就是用户可以看到的内容，包含文本、图像、音频、视频等。

2．按钮标签

（1）按钮标签<button>的功能与<input type="button">创建的按钮的功能相似，但<button>标签是双标签，在<button>标签内部可以放置内容，如文本或图像。这是按钮标签<button>与<input>标签创建的按钮的不同之处。

```
<button>button 按钮</button>
<input type="button" value="input 按钮">
```

（2）按钮的显示效果，如图 2-14 所示。

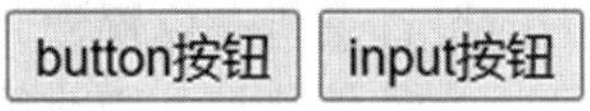

button按钮　input按钮

图 2-14

综上所述，与<body>标签同层的标签是<head>标签。

（三）参考答案：C

2.2.17　2021 年-第 4 题

在某个目录中，有 img 目录、css 目录和一个 index.html 文件。在 css 目录中，有一个 type.css 文件和一个 media.css 文件。如何在 index.html 文件中表示 type.css 文件的路径？（　　）

A．img/type.css　　　B．css/type.css　　　C．../css/type.css　　　D．/type.css

（一）考核知识和技能

1．绝对路径

2．相对路径

（二）解析

文件路径描述了网站的目录结构中某个文件的位置，分为绝对路径和相对路径。文件路径会在链接外部文件（如网页、图像、样式表、JavaScript 脚本文件等）时被用到。

根据题意，本题中的目录结构，如图 2-15 所示。

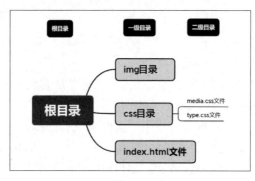

图 2-15

1．绝对路径

完整地描述文件位置的路径就是绝对路径，是以 Web 站点根目录为参考基础的目录路径。绝对路径是从树形目录结构顶部的根目录开始到某个目录或文件的路径，由一系列连续的目录组成，中间用斜线分隔，直到指定的目录或文件，路径中的最后一个名称就是指向的目录或文件。之所以被称为绝对路径，意指当任意一个网页引用同一个文件时，所使用的路径都是一样的。

常见的绝对路径分为两种：一种是网络绝对位置，另一种是从本地盘符出发的本地绝对位置。

- 网络绝对位置：包含协议和域名，如 https://*****.com/pop/s1180x940_jfs/t1/104669/37/24803/97591/62625992E3d2c3511/19fac8c406a4e443.jpg。
- 本地绝对位置：假设本题中的根目录所在位置为 D:/myweb，如果使用绝对路径在 index.html 文件中表示 type.css 文件的路径，则路径为 D:/myweb/css/type.css。

2．相对路径

相对路径是指文件所在的路径与其他文件（或文件夹）的路径关系。使用相对路径可以为开发者带来很大的便利。

常用的相对路径包括当前目录、上一级目录、下一级目录。

- 当前目录：语法格式为一个点后面加一个斜线（./），表示当前目录，也就是当前文件所在目录。
- 上一级目录：语法格式为两个点后面加一个斜线（../），表示当前文件所在目录的上一级目录。
- 下一级目录：语法格式为一个斜线（/），表示文件位于当前文件的下一级目录。

根据题意，本题使用的是相对路径，由于 typc.css 文件位于与 index.html 文件同级目录下的 css 目录中，所以路径为./css/type.css。其中，表示当前目录的./可以省略。

综上所述，在 index.html 文件中表示 type.css 文件的路径是 css/type.css。

（三）参考答案：B

2.2.18　2021 年-第 5 题

能够直接引入图像的标签是（　　）。

A．<img>　　　　B．<image>　　　　C．<photo>　　　　D．<picture>

（一）考核知识和技能

图像标签

（二）解析

在 HTML 中，图像由<img>标签定义。<img>标签是空标签，它只包含属性，并且没有闭合标签。<img>标签定义图像的语法格式为<img src="url" alt="value">。

（1）src 属性：要在页面上显示图像，需要使用 src 属性，src 是指 source，是图像的 URL，URL 指存储图像的位置。如果名称为 test.png 的图像位于 www.test.com 的 images 目录中，那么其 URL 为 http://www.test.com/images/test.png。

（2）alt 属性：用于为图像预定义可替换的文本。属性值是用户定义的替换文本。

```
<img src="web-test.png" alt="Web 前端考证">
```

在浏览器无法载入图像时，浏览器将显示用户定义的替换文本而不是图像。为页面上的图像都加上 alt 属性是个好习惯，这样有助于更好地显示信息，对那些使用纯文本浏览器的人来说非常有用。

alt 属性的显示效果，如图 2-16 所示。

（3）<img>标签还有以下属性可以使用。

- height 属性：用于设置图像的高度。
- width 属性：用于设置图像的宽度。

图 2-16

综上所述，能够直接引入图像的标签是<img>。

（三）参考答案：A

2.2.19　2021 年-第 6 题

下列 HTML 标签使用正确的是（　　）。

A．<div>方法一</div>　　　　　　B．<a>方法一</a>

C．<span>方法一　　　　　　　　　D．<img>src="img.png"</img>

（一）考核知识和技能

1．HTML 标签

2．HTML 属性

3．HTML 超链接

（二）解析

1．HTML 标签

HTML 标记标签通常被称为 HTML 标签（HTML Tag），其特点如下。

- HTML 标签是由尖括号包围的关键词，如<html>。
- HTML 标签通常是成对出现的，如<b>和</b>、<span>和</span>。
- 标签对中的第一个标签是开始标签，第二个标签是结束标签。
- 开始标签和结束标签也被称为开放标签和闭合标签。
- 空标签没有闭合标签，如<img>标签。

2．HTML 属性

HTML 标签可以拥有属性。HTML 属性提供了有关 HTML 元素的更多信息。

- 属性总是以名称-值对的形式出现，如 name="value"。
- 属性总是在 HTML 元素的开始标签中被规定。

3．HTML 超链接

超链接可以是一个字、一个词或者一组词，也可以是一幅图像，我们可以通过单击这些内容来跳转到新的文档或者当前文档中的某个部分。当鼠标指针移动到网页中的某个链接上时，指针形状会由箭头变为一只小手。

我们使用<a>标签在 HTML 文档中创建链接。有以下两种使用<a>标签的方式。

（1）使用<a>标签的 href 属性创建指向另一个文档的链接，语法格式为<a href="url">Link Text</a>。

（2）使用<a>标签的 name 属性创建文档内的书签，语法格式为<a name="label">锚（显示在页面上的文本）</a>。

综上所述，A 选项的"<div>方法一</div>"写法正确，B 选项缺少 href 或 name 属性，C 选项缺少闭合标签，D 选项的 src 属性应当被写在开始标签中，且<img>标签为空标签，没有闭合标签。

（三）参考答案：A

2.2.20　2021 年-第 7 题

以下哪个标签是 HTML5 新增标签？（　　）

A．<title>　　　　B．<div>　　　　C．<form>　　　　D．<header>

（一）考核知识和技能

HTML5 常用元素

（二）解析

HTML5 常用元素，如图 2-17 所示。

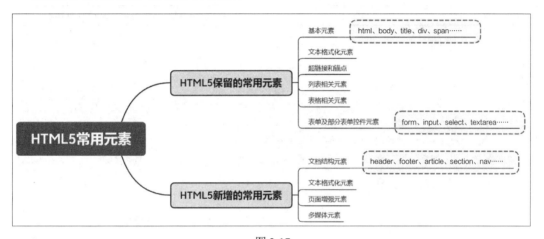

图 2-17

综上所述，header 元素是 HTML5 新增的文档结构元素之一。

（三）参考答案：D

2.2.21　2021 年-第 10 题

下列 HTML 代码中，表示按钮的是（　　）。

A．<input type="radio" />　　　　B．<input type="select" />

C．<input type="button" />　　　　D．<input type="text" />

（一）考核知识和技能

1．input 表单元素

2．select 表单元素（下拉列表）

（二）解析

1．input 表单元素

（1）HTML 表单用于收集不同类型的用户输入数据，每个表单必须设置表单区域，表单区域被<form>标签包裹，表单区域中可以添加多种表单元素，包括 input 元素、textarea 元素、select 元素、button 元素和 label 元素等。需要注意的是，input 是一个空元素，没有结束标签。

（2）input 元素是重要的表单元素，通过 type 的属性值来区分不同的元素类型，包括文本输入框、密码输入框、搜索框、数字输入框、单选按钮、复选框、隐藏域、file 上传文件、普通按钮、提交按钮、重置按钮等。本题涉及的 type 属性值、类型及用途如表 2-2 所示。

表 2-2

type 属性值	类型	用途
`<input type="text">`	单行文本框	可以输入一行文本
`<input type="radio">`	单选按钮	相同 name 属性的单选按钮只能选中一个，checked="checked" 用于设置默认选中
`<input type="button">`	普通按钮	定义普通按钮，大部分情况下执行的是 JavaScript 脚本

（3）表单示例。

```
<form>
    姓名：<input type="text"/>
    性别：男<input type="radio" name="sex" value="男"checked="true"/>
        女<input type="radio" name="sex" value="女"/>
    <input type="button" value="普通按钮"/>
</form>
```

表单的显示效果，如图 2-18 所示。

姓名：[　　　　　　] 性别：男 ● 女 ○ [普通按钮]

图 2-18

2．select 表单元素（下拉列表）

（1）select 表单元素用于定义下拉列表，语法格式如下。

```
<select>
    <option>选项 1</option>
    <option>选项 2</option>
    <option>选项 3</option>
    ……
</select>
```

• 使用 select 元素定义下拉列表，使用 option 元素定义下拉列表中的选项。
• 下拉列表通常会把首个选项显示为被选选项。
• 通过添加 selected 属性可以定义默认被选选项。

（2）下拉列表的示例如下。

```
<select>
    <option selected="selected">请选择所考级别</option>
    <option>Web 前端开发初级</option>
    <option>Web 前端开发中级</option>
    <option>Web 前端开发高级</option>
</select>
```

（3）下拉列表的显示效果，如图 2-19 所示。

图 2-19

综上所述，表示按钮的是<input type="button"/>。

（三）参考答案：C

2.2.22　2021 年-第 11 题

下列属于开始标签的是（　　）。

A．</div>　　　　B．</span>　　　　C．<!-- -->　　　　D．<button>

（一）考核知识和技能

1．元素

2．注释

（二）解析

1．元素

在 HTML 的基本结构中，可以看到用"<"和">"括起来的单词，这个单词通常被叫作元素，元素常见的格式如下。

双标签：双标签由开始标签和结束标签两部分构成，必须成对使用，如<div>和</div>。

单标签：某些标签单独使用就可以完整地表达意思，这种标签被叫作单标签，如换行标签
。值得注意的是，在 HTML 中，单标签没有结束标签，换行标签被写作
。但在 XHTML 中，单标签必须被正确地关闭，换行标签需要被写作
。根据标记语言都要被正确地关闭这一项原则，或许在不远的将来，这种单标签都会被要求必须关闭，因此使用
是更长远的保障。

2．注释

<!-- …… -->用于在 HTML 中插入注释，它的开始标签为"<!--"，结束标签为"-->"，开始标签和结束标签不一定在同一行，也就是说，可以写多行注释。浏览器不会显示注释，但作为开发者，经常需要在代码旁做一些注释，这样做的好处很多。例如，方便项目组的其他开发者了解代码，同时方便开发者以后对自己编写的代码进行理解与修改等。

（三）参考答案：D

2.2.23　2021 年-第 15 题

在 HTML 中，用于设置页面标题的标签是（　　）。

A．<title>　　　　B．<h>　　　　C．<div>　　　　D．<span>

（一）考核知识和技能

1．<title>标签

2．标题标签

3．<div>标签

4．<span>标签

（二）解析

1．<title>标签

<title>标签用于定义网页文件（即页面）的标题。

2．标题标签

（1）标题标签用于描述一个标题，共有 6 个级别，按标题文字显示的大小由大到小分别是<h1>、<h2>、<h3>、<h4>、<h5>、<h6>。

```
<h1>我是一级标题</h1>
<h2>我是二级标题</h2>
<h3>我是三级标题</h3>
<h4>我是四级标题</h4>
<h5>我是五级标题</h5>
<h6>我是六级标题</h6>
```

（2）标题标签在页面中的显示效果，如图 2-20 所示。

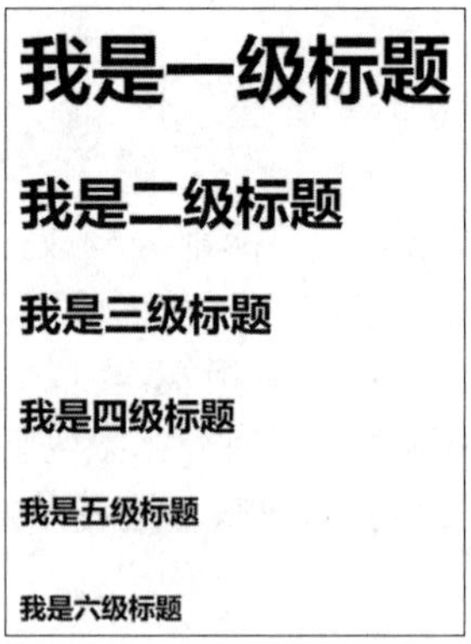

图 2-20

3．<div>标签

<div>标签用于定义 HTML 文档中的一个分隔区块或者一个区域部分，且一行内只能放置一个<div>标签。div 是块级元素，<div>标签本身是没有语义的，没有固定的格式表现。

4．<span>标签

<span>标签用于在行内定义一个区域，且一行内可以放置多个<span>标签。span 是行内元素，<span>标签本身是没有语义的，没有固定的格式表现。

综上所述，在 HTML 中，用于设置页面标题的标签是<title>标签。

（三）参考答案：A

2.2.24　2021 年-第 19 题

在 Chrome 浏览器中，默认状态下，<div>标签中的文字是（　　）。

A．黑色的　　　　　B．白色的　　　　　C．透明的　　　　　D．不可见的

（一）考核知识和技能

<div>标签

（二）解析

<div>标签用于定义 HTML 文档中的一个分隔区块或者一个区域部分，经常与 CSS 一起使用，用来布局网页。<div>标签中可以插入任何元素，在插入文字时，无论什么浏览器，文字默认的颜色均为黑色。如果需要改变文字颜色，则需要配合 CSS 进行设置，下面的示例设置了<div>标签的背景颜色为黑色（即 background-color 属性的颜色为黑色），字体颜色为白色（即 color 属性的颜色为白色）。

```
<html>
    <head>
        <meta charset="utf-8">
        <title>标题</title>
    </head>
    <body>
        <div style="background-color:black;color:white">文字颜色为白色</div>
    </body>
</html>
```

文字颜色为白色

<div>标签的显示效果，如图 2-21 所示。

图 2-21

综上所述，在 Chrome 浏览器中，默认状态下，<div>标签中的文字是黑色的。

（三）参考答案：A

2.2.25　2021 年-第 21 题

关于<div>标签描述正确的是（　　）。

A．是一个块级元素　　　　　　　　　B．专用于放置图像

C．适用于多个在页面的同一行内的元素 D．已经被淘汰的标签

（一）考核知识和技能

1．HTML 无语义元素

2．块元素

（二）解析

1．HTML 无语义元素

（1）HTML 中的每个标签都有自己的语义。例如，<body>标签表示主体，<p>标签表示段落。但是也存在无语义的标签，<div>标签就是其中之一，<div>标签在 HTML5 中作为

基本元素被保留。

（2）HTML 常使用<div>标签来划分区域，布局页面元素。

（3）<div>标签用于存放需要显示的数据（文字、图表等）。

2．块元素

块元素具有以下特点。

- 独自占据一行。
- 高度、宽度、外边距和内边距都可以被控制。
- 宽度默认是容器宽度（父级宽度）的 100%。
- 块元素是一个容器及盒子，其中可以放置行内元素或块级元素。但是文字类的块级标签中不能放置其他块级元素，如<p>、<h1>～<h6>标签等。

3．<div>标签示例

```
<body>
    <div>
        <p>欢迎报考 Web 前端开发考试!! </p>
        <img src="test.png" alt="">
    </div>
</body>
```

<div>标签的显示效果，如图 2-22 所示。

图 2-22

综上所述，<div>标签是一个块级元素，在 HTML5 中仍被保留，可以存放需要显示的数据，包括文字、图表等。

（三）参考答案：A

2.2.26 2021 年-第 24 题

下列 HTML 代码书写正确的是（　　）。

A．<div class=nav>导航中心</div>　　　　B．<img href="logo.jpg" />

C．<span style="color:#fcfdf8;"></span>　　D．<button val="按钮"/>

（一）考核知识和技能

1．class 属性

2．图像标签<img>

3．style 属性

4．按钮标签<button>

（二）解析

1．class 属性

class 属性是 HTML 全局属性之一，定义元素的类名，通常用于指向样式表的类。class 属性可以重复使用。

```
<div class="value"></div>
```

2．图像标签<img>

<img>标签定义图像的语法格式如下。

```
<img src="url" alt="value">
```

3．style 属性

style 属性是 HTML 全局属性之一，用于规定元素的行内样式。

```
<span style="属性名:属性值;"></span>
```

style 属性的示例如下。

```
<span style="color: #ff0000; background-color: #ffff00;">Web 前端</span>
```

style 属性的显示效果，如图 2-23 所示。

4．按钮标签<button>

<button>标签是双标签，在<button>标签内部可以放置内容，如文本或图像。

```
<button>按钮</button>
```

<button>标签的显示效果，如图 2-24 所示。

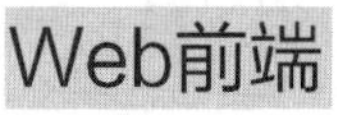

Web前端   按钮

　　　　图 2-23 　　　　　　　　　　　　　　　　　　　图 2-24

综上所述，A 选项中 class 属性值未加引号，B 选项中用于定义图像的 URL 的是<img>标签的 src 属性，D 选项中<button>标签定义按钮的内容是用<button></button>包裹的，故 C 选项正确。

（三）参考答案：C

2.2.27　2021 年-第 29 题

<head>标签内能够放置（　　　）。

A．<div>标签　　　　B．<meta>标签　　　C．<span>标签　　　D．<img>标签

（一）考核知识和技能

1．<head></head>标签

2．<body></body>标签

（二）解析

1．<head></head>标签

<head></head>标签用于定义文档的头部，是所有头部元素的容器。头部元素包括<title>、<script>、<style>、<link>、<meta>标签等。

<meta>标签用于描述一个 HTML 网页文档的属性，如作者、日期和时间、网页描述、字符编码、关键词、页面刷新等。

2．<body></body>标签

<body></body>标签用于定义文档的主体，包含文档的所有内容，如文本、超链接、图像、表格、列表，以及本题提及的 div 块元素、span 行内元素等。

（1）<div>标签：用于定义 HTML 文档中的一个分隔区块或者一个区域部分。一行内只能放置一个<div>标签。div 是块级元素，<div>标签本身没有固定的格式表现。

（2）<span>标签：用于在行内定义一个区域。一行内可以放置多个<span>标签。span 是行内元素，<span>标签本身没有固定的格式表现。

（3）<img>标签：在 HTML 中，图像由<img>标签定义。<img>标签是空标签，它只包含属性，并且没有闭合标签。<img>标签定义图像的语法格式为<img src="" alt="">。

综上所述，<head>标签内能够放置<title>、<script>、<style>、<link>、<meta>标签等。除 B 选项外，其余选项的标签都是放置在<body>标签内的。

（三）参考答案：B

2.2.28 2021 年-第 30 题

下列关于<a>标签的说法正确的是（　　　）。

A．<a>标签可以使用 src 的方式设置一个超链接路径

B．在<a>标签的链接路径中引入图像，<a>标签会显示该图像

C．在 Chrome 浏览器中，<a>标签默认没有样式

D．<a>标签能够设置锚点链接

（一）考核知识和技能

<a>标签

（二）解析

（1）<a>标签定义超链接，用于从一个页面链接到另一个页面。<a>标签最重要的属性是 href 属性，用于设置一个超链接路径。

（2）<a>标签可以定义锚点链接，指向页面内的特定段落。锚点是网页制作中超链接的一种，又叫命名锚记，定义的过程分为两步：第一步为创建命名锚记；第二步为链接到命名锚记。

（3）在所有浏览器中，链接的默认外观是：未被访问的链接带有蓝色的下画线；已被访问的链接带有紫色的下画线；活动链接带有红色的下画线。

（4）<a>标签可以设置图像链接。首先编写一个普通链接，然后在<a>标签之间插入图像标签<img>，示例如下。

```
<a href="url"><img src="..."></a>
```

综上所述，A 选项中，<a>标签中设置超链接路径的是 href 属性，而不是使用 src 的方式。B 选项中，在<a>标签的链接路径中引入图像是无法显示图像的，需要在<a>标签之间插入图像标签<img>。C 选项中，<a>标签默认是有样式的。D 选项正确。

（三）参考答案：D

2.3　多选题

2.3.1　2019 年-第 6 题

请选出正确的选项（　　　）。

A．属性要在开始标签中指定，用来表示该标签的性质和特性

B．通常都是以“属性名="属性值"”的形式来表示

C．一个标签可以指定多个属性

D．指定多个属性时不用区分顺序

（一）考核知识和技能

HTML 标签的属性

（二）解析

HTML 标签的属性如下。

（1）HTML 标签可以拥有属性。属性提供了有关 HTML 元素的更多的信息。

（2）属性总是以名称-值对的形式出现，例如：name="value"。

（3）属性总是在 HTML 元素的开始标签中被规定。

```
<a href="xxx" target="xxx"></a>
<img src="xxx" alt="xxx"/>
```

（三）参考答案：ABCD

2.3.2　2019 年-第 7 题

以下哪些元素是表单控件元素？（　　　）

A．<input type="text">　　　　　　B．<select>

C．<textarea>　　　　　　　　　　D．<datalist>

（一）考核知识和技能

1．HTML 表单控件元素

2．HTML5 新增表单元素

（二）解析

1．HTML 表单控件元素

（1）input 元素根据不同的 type 属性值，可以变化为多种形态。

（2）select 元素定义下拉列表。

（3）textarea 元素定义多行输入字段（文本域），标签内的内容会被作为文本域的内容展示。

```
<textarea rows="5" cols="50">
HTML 是用来描述网页的一种语言
HTML 指的是超文本标记语言
HTML 不是一种编程语言，而是一种标记语言
标记语言是一套标记标签
HTML 使用标记标签来描述网页
</textarea>
```

textarea 元素的显示效果，如图 2-25 所示。

2．HTML5 新增表单元素

datalist 元素为 input 元素规定预定义选项列表，在输入数据时会显示预定义选项的下拉列表。input 元素的 list 属性必须引用 datalist 元素的 id 属性。Safari 或 IE9（以及更早的版本）浏览器不支持<datalist>标签。

```
<input list="browsers">
<datalist id="browsers">
 <option value="Internet Explorer">
 <option value="Firefox">
 <option value="Chrome">
 <option value="Opera">
 <option value="Safari">
</datalist>
```

datalist 元素的显示效果，如图 2-26 所示。

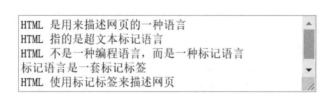

图 2-25

图 2-26

综上所述，ABCD 选项均为 HTML 的表单控件元素，其中 datalist 元素为 HTML5 新增的表单控件元素。

（三）参考答案：ABCD

2.3.3 2019 年-第 9 题

下列属于块级元素的是（　　　）。

A．span　　　　　　　B．p　　　　　　　C．div　　　　　　　D．a

（一）考核知识和技能

1．内联元素（行内元素）

2．块级元素

3．行内块元素

（二）解析

1．内联元素（行内元素）

（1）多个内联元素可以占据同一行。

（2）内联元素的高度、宽度、行高，以及顶部和底部的边距不可以被设置。

（3）内联元素的宽度就是它包含的文字或图像的宽度，不可以被改变。

2．块级元素

（1）每个块级元素都是独自占据一行的。

（2）元素的高度、宽度、行高和边距都是可以被设置的。

3．行内块元素

行内块元素结合了内联元素和块级元素的优点，既可以被设置高度、宽度和行高，让内边距（padding）和外边距（margin）生效，又可以和其他的行内元素并排。

常见的块级元素、内联元素、行内块元素示例如下。

```
<p style="border: 1px solid black;width: 100px;"> 块级元素 </p>
<p style="border: 1px solid black;"> 块级元素  </p>
<span style="border: 1px solid black;width: 100px;">内联元素</span>
<span style="border: 1px solid black;">内联元素</span>
<br/><br/>
<input type="button" value="行内块元素" style="width: 100px;"/>
<input type="button" value="行内块元素"/>
```

示例的显示效果，如图 2-27 所示。

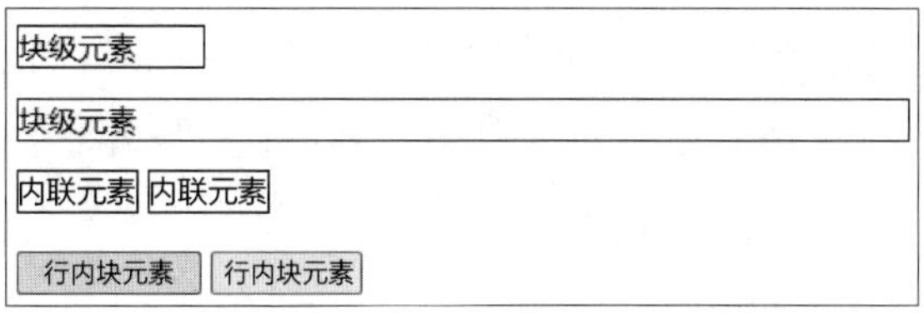

图 2-27

综上所述，span 和 a 是行内元素，p 和 div 是块级元素。

（三）参考答案：BC

2.3.4　2020 年-第 4 题

请选出错误的选项（　　）。

A．属性要在开始标签中指定，用来表示该标签的性质和特性

B．在 CSS 中通常都是以"属性名="属性值""的形式来表示的

C．一个 id 可以在多个元素中使用

D．指定多个属性时不用区分顺序

（一）考核知识和技能

1．HTML 属性

2．CSS 语法（属性声明）

3．HTML 全局属性

（二）解析

1．HTML 属性

（1）HTML 属性提供了有关 HTML 元素的更多的信息。

（2）属性总是在元素的开始标签中以"属性名="属性值""的形式进行设置。

（3）HTML 元素可以拥有多个属性。

（4）每个属性以空格分隔开并且不区分先后顺序。

```
<h1 属性名="属性值">标题</h1>
<p 属性名="属性值"　属性名="属性值">段落文字</p>
```

2．CSS 语法（属性声明）

属性声明的语法格式为属性名:属性值。

```
<p>Hello World!</p>
<p style="color:red">这个段落的字体颜色被改变。</p>
```

3．HTML 全局属性

HTML 全局属性可以被 CSS 或 JavaScript 使用。常用的全局属性有以下 4 种。

（1）id 属性：规定 HTML 元素的唯一 id，id 属性可用作链接锚。

```
<p id="value"></p>
```

（2）class 属性：定义元素的类名，通常用于指向样式表的类。class 属性可以重复使用。

```
<p class="value"></p>
```

（3）style 属性：规定元素的行内样式。

```
<p style="属性名:属性值;"></p>
```

（4）title 属性：指定与元素相关的提示信息，当鼠标指针放在元素上时，提示信息会被呈现出来。

```
<h1 title="超文本标记语言（Hyper Text Markup Language）">HTML</h1>
```

综上所述，HTML 属性要在开始标签中指定，用来表示该标签的性质和特性。在对一个标签指定多个属性时不需要区分顺序。id 具有唯一性，不可以在多个元素中使用。在 CSS 中通常都是以 style="属性名:属性值"的形式来表示的。

（三）参考答案：BC

2.3.5　2021 年-第 1 题

下列 HTML 标签中属于内联元素的是（　　　）。

A．span　　　　　　　B．ol　　　　　　　C．div　　　　　　　D．a

（一）考核知识和技能

1．标签显示模式

2．块元素

3．内联元素

（二）解析

1．标签显示模式

（1）标签显示模式：标签以什么方式进行显示，如<div>标签独自占据一行，一行可以放很多个<span>标签。

（2）标签类型（分类）：HTML 标签一般分为块标签和内联标签两种类型，它们也被称为块元素和内联元素（即行内元素）。

2．块元素

（1）块元素在页面中以区域块的形式出现，其特点是每个块元素通常都会独自占据一行或多行，可以对其设置宽度、高度、边距等属性。

（2）常见的块元素有 h1~h6、p、div、ul、ol、li 等，其中 div 是最典型的块元素。

（3）块元素的示例如下。

```
<html>
    <head>
        <meta charset="utf-8">
        <title></title>
        <style>
            div{
                width: 100px;
                height: 100px;
                border: 3px solid red;
                margin: 10px;
            }
        </style>
    </head>
<body>
    <div>我是一个块元素</div>
    <div>我也是一个块元素</div>
```

```
    </body>
</html>
```

在浏览器调试模式下，示例中的块元素的显示效果，如图 2-28 所示。

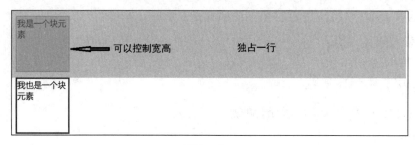

图 2-28

3．内联元素

（1）一个内联元素通常会和其他内联元素显示在同一行中，不占据独立的区域，仅靠自身的文本内容大小和图像尺寸来支撑结构。

（2）常见的内联元素有 a、strong、b、em、i、del、s、ins、u、span 等，其中 span 是最典型的内联元素。

（3）内联元素的示例如下。

```
<html>
    <head>
        <meta charset="utf-8">
        <title></title>
        <style>
            span, a {
                width: 200px;
                height: 100px;
                border: 2px solid red;
                background: pink;
            }
        </style>
    </head>
    <body>
        <span>我是 span，行内元素</span>
        <a>我是 a 链接，行内元素</a>
    </body>
</html>
```

示例中内联元素的显示效果，如图 2-29 所示。

图 2-29

综上所述，span 和 a 属于内联元素。

（三）参考答案：AD

2.3.6　2021 年-第 2 题

关于 HTML 中的 form 元素，正确的说法是（　　）。

A．form 元素是块级元素

B．form 元素能够包含 input 元素

C．form 元素只能使用 GET 方式提交

D．form 元素用于向服务器传输数据

（一）考核知识和技能

1．<form>表单域

2．表单元素

3．块元素的特点

4．form 元素示例

（二）解析

1．<form>表单域

（1）<form>表单域：在 HTML 中，<form>标签被用于定义表单域，以实现用户信息的收集和传递，其中的所有内容都会被提交给服务器。其语法格式如下。

```
<form action="URL 地址" method="提交方式" name="表单名称">
  各种表单控件
</form>
```

（2）<form>表单域常用的属性、属性值及用途如表 2-3 所示。

表 2-3

属性	属性值	用途
action	URL	用于指定接收并处理表单数据的服务器程序的 URL
method	GET/POST	用于设置表单数据的提交方式，其取值为 GET 或 POST
name	表单名称	用于指定表单的名称，以区分同一个页面中的多个表单

2．表单元素

表单区域使用<form>标签包裹，表单区域中可以添加多种表单元素，包括 input 元素、textarea 元素、select 元素、button 元素和 label 元素等。其中 input 元素是重要的表单元素。我们可以通过 type 属性区分不同的元素类型。

3．块元素的特点

块元素在页面中以区域块的形式出现，其特点是每个块元素通常都会独自占据一行或多行，可以对其设置宽度、高度、边距等属性。

4．form 元素示例

```
<html>
```

```
<head>
    <meta charset="utf-8">
    <title></title>
    <style>
        form{
            width: 400px;
            height: 200px;
            border: 1px solid red;
        }
    </style>
</head>
<body>
    <form action="" name="subjects"></form>
    <form action="" name="scores"></form>
</body>
</html>
```

在浏览器调试模式下，form 元素示例的显示效果，如图 2-30 所示。

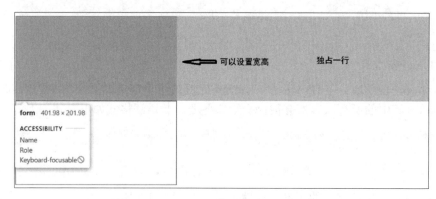

图 2-30

综上所述，form 元素中的所有内容都会被提交给服务器，它的提交方式有 GET 和 POST 两种，form 元素内可以包含 input、textarea、select 等各种表单元素，且符合块级元素的特点。

（三）参考答案：ABD

2.3.7 2021 年-第 6 题

请选出错误的选项（   ）。

A．<meta>标签应当在<body>标签中使用

B．一个 HTML 标签能够设置多个 id 属性

C．一个 HTML 标签能够设置多个 class 属性

D．<a>标签可以实现页面跳转

（一）考核知识和技能

1．<meta>标签

2．<a>标签

3．id 属性

4．class 属性

（二）解析

1．\<meta\>标签

\<meta\>标签用于描述一个 HTML 网页文档的属性，如作者、日期和时间、网页描述、字符编码、关键词、页面刷新等。\<meta\>标签被放置于\<head\>\</head\>标签的内部。

2．\<a\>标签

\<a\>标签是超链接标签。超链接可以是一个字、一个词或者一组词，也可以是一幅图像。我们可以通过单击这些内容来跳转到新的文档或者当前文档中的某个部分。当把鼠标指针移动到网页中的某个链接上时，指针形状会由箭头变为一只小手。

3．id 属性

id 属性是 HTML 全局属性之一，用于规定 HTML 元素的唯一 id，不同元素的 id 属性值不能相同。

```
<p id="value"></p>
```

4．class 属性

class 属性用于定义元素的类名，通常用于指向样式表的类，HTML 标签是允许定义多个 class 类名的。

```
<div class="exp1 exp2"></div>
```

上述代码中的\<div\>标签用到了 exp1、exp2 两个 class 类。在 HTML 标签中，定义 class 类名的个数是没有限制的，只需每个类名之间用空格隔开。

综上所述，\<meta\>标签应当在\<head\>标签中使用，一个 HTML 标签只能设置一个 id 属性。

（三）参考答案：AB

2.3.8　2021 年-第 9 题

下列标签可以放置在\<head\>标签中的有（　　　）。

A．\<title\>　　　B．\<meta\>　　　C．\<div\>　　　D．\<span\>

（一）考核知识和技能

1．\<head\>\</head\>标签

2．\<div\>\</div\>标签

3．\<span\>\</span\>标签

（二）解析

1．\<head\>\</head\>标签

\<head\>\</head\>标签用于定义文档的头部，是所有头部元素的容器。头部元素包括

<title>、<script>、<style>、<link>、<meta>标签等。

- <title></title>标签：标题标签，定义网页文件的标题。
- <meta>标签：用于描述一个 HTML 网页文档的属性，如作者、日期和时间、网页描述、字符编码、关键词、页面刷新等。

2．<div></div>标签

<div></div>标签用于定义 HTML 文档中的一个分隔区块或者一个区域部分，其被放置于<body></body>标签内，一行内只能放置一个<div>标签。div 是块级元素，本身是没有语义的，没有固定的格式表现。

3．<span></span>标签

<span></span>标签用于在行内定义一个区域，其被放置于<body></body>标签内，一行内可以放置多个<span>标签。span 是行内元素，本身是没有语义的，没有固定的格式表现。

综上所述，可以放置在<head>标签中的有<title>、<meta>标签。

（三）参考答案：AB

2.3.9　2021 年-第 14 题

下列说法正确的是（　　）。

A．<ul>标签是有序列表

B．<ul>标签是无序列表

C．<ul>标签中应当包含<li>标签

D．<ul>列表中的元素最前方会按顺序显示数字

（一）考核知识和技能

1．无序列表

2．有序列表

（二）解析

1．无序列表

（1）列表：通常人们将相关信息用列表的形式放在一起，这样会使内容显得更加有条理。

（2）无序列表：无序列表中的每一项的前缀显示为图形符号，<ul>标签定义无序列表，<li>标签定义列表项。<ul>标签的 type 属性用于定义图形符号的样式，属性值为 disc（点）、square（方块）、circle（圆）、none（无）等，默认值为 disc。

```
<body>
    <ul type="circle">
        <li>初级</li>
        <li>中级</li>
        <li>高级</li>
    </ul>
</body>
```

（3）无序列表的显示效果如图 2-31 所示。

2．有序列表

（1）有序列表：有序列表中的每一项的前缀通常为数字或字母，<ol>标签定义无序列表，<li>标签定义列表项。<ol>标签的 type 属性用于定义符号的样式，属性值为 1（数字）、A（大写字母）、a（小写字母）等，默认值为 1。

```
<body>
    <ol type="A">
        <li>初级</li>
        <li>中级</li>
        <li>高级</li>
    </ol>
</body>
```

（2）有序列表的显示效果如图 2-32 所示。

图 2-31　　　　　　　　　　　　　　　　　　图 2-32

综上所述，无序列表是<ul>标签，其中的列表项是<li>标签，无序列表中的每一项的前缀是图形符号，默认为 disc（点）。

（三）参考答案：BC

2.4　判断题

2.4.1　2019 年-第 4 题

说明：2019 年判断题-第 4 题（初级）同 2020 年判断题-第 3 题（初级）类似，以此题为代表进行解析。

ol-li 列表在默认情况下，每个 li 在浏览器中都会显示一个数字，代表自己的序号。（　　　）

（一）考核知识和技能

1．无序列表

2．有序列表

3．自定义列表

（二）解析

1．无序列表

（1）无序列表由<ul>标签创建，每个列表项由<li>标签创建，列表项目默认使用黑色圆点进行标记。

```
<ul>
```

```
   <li>HTML</li>
   <li>CSS</li>
</ul>
```

（2）无序列表的显示效果如图 2-33 所示。

2．有序列表

（1）有序列表由<ol>标签创建，每个列表项由<li>标签创建，列表项目默认使用数字进行标记。

```
<ol>
   <li>HTML</li>
   <li>CSS</li>
</ol>
```

（2）有序列表的显示效果如图 2-34 所示。

3．自定义列表

（1）自定义列表不仅包含列表项，还包含列表项及其注释的组合。

- <dl>标签创建自定义列表。
- <dt>标签创建自定义列表项。
- <dd>标签创建自定义列表项的描述。

```
<dl>
   <dt>电影</dt>
        <dd>国产电影</dd>
        <dd>日韩电影</dd>
   <dt>电视剧</dt>
        <dd>国产电视剧</dd>
        <dd>日韩电视剧</dd>
</dl>
```

（2）自定义列表效果如图 2-35 所示。

图 2-33   图 2-34   图 2-35

综上所述，ol-li 列表在默认情况下，每个 li 在浏览器中都会显示一个数字，代表自己的序号。这句话是正确的。

（三）参考答案：对

2.4.2　2021 年-第 5 题

在 HTML 标签中，第一层包含<head>、<body>、<foot>标签。（　　　）

（一）考核知识和技能

1. HTML 的基本结构

2. <footer>标签

（二）解析

1. HTML 的基本结构

HTML 由头部内容（head）和主体内容（body）两部分组成，在这两部分的外面加上<html></html>标签说明此文档是 HTML 文档，这样浏览器才能正确识别 HTML 文档，第一行<!DOCTYPE html>声明了文档类型，告知浏览器用哪一种标准解释 HTML 文档。

```
<!DOCTYPE html>
 <html>
    <head>
        <meta charset="UTF-8">
        <title>标题</title>
    </head>
    <body>
        文档主体
    </body>
 </html>
```

2. <footer>标签

题干中的<foot>标签是不存在的。HTML5 新增了很多语义化的标签，这些语义化标签对内容是没有样式效果的，它们只起到语义的作用。例如：<header>、<nav>、<aside>、<footer>标签等。<footer>标签用于定义文档或节的页脚，它只起到语义的作用，默认对内容是没有任何样式效果的，如果需要添加样式，那么一般使用 CSS 来实现。

综上所述，在 HTML 标签中，第一层只包含<head>、<body>标签。

（三）参考答案：错

第 3 章
CSS+CSS3

3.1 考点分析

理论卷中的 CSS+CSS3 相关试题的考核知识和技能如表 3-1 所示，2019 年至 2021 年三次考试中的 CSS+CSS3 相关试题的平均分值为 36 分。

表 3-1

真题	题型			总分值	考核知识和技能
	单选题	多选题	判断题		
2019 年理论卷	7	6	2	30	选择器、单位、文本、背景、盒模型、浮动、定位、溢出、圆角边框、背景新特性、弹性布局等
2020 年理论卷	9	7	2	36	CSS 引入、命名规范、CSS 语法、选择器、优先级、单位、颜色、字体、文本、背景、盒模型、区块、浮动、定位、圆角边框、背景新特性、盒模型、盒阴影、弹性布局等
2021 年理论卷	10	7	4	42	引入、命名规范、CSS 语法、选择器、优先级、单位、颜色、字体、文本、背景、盒模型、区块、浮动、定位等

3.2 单选题

3.2.1 2019 年–第 6 题

在 CSS 中，设置背景图像的代码正确的是（   ）。

A．background-image: src(img/41.jpg)

B．background-image: url(img/41.jpg)

C．background-img: url(img/41.jpg)

D．background-img: src(img/41.jpg)

（一）考核知识和技能

CSS 背景样式

（二）解析

常用的 CSS 背景样式包括以下 4 个。

（1）background-color：设置背景颜色。

（2）background-image：设置背景图像。

（3）background-repeat：设置背景图像的平铺方式。

（4）background：设置复合样式。

```
body{
    background-color: skyblue;              //设置背景颜色为 skyblue
    background-image: url(img/img1.png);    //设置背景图像
    background-repeat: no-repeat;           //设置背景图像不重复平铺
}
```

背景样式的显示效果如图 3-1 所示。

图 3-1

综上所述，背景图像需要使用 background-image 属性或 background 属性设置，其属性值是一个 URL。

（三）参考答案：B

3.2.2　2019 年-第 14 题

给某段文字设置下画线，应该设置什么属性？（　　）

A．text-transform　　B．text-align　　　　C．text-indent　　　　D．text-decoration

（一）考核知识和技能

1．CSS 文本属性

2．text-decoration 属性

（二）解析

1．CSS 文本属性

CSS 文本属性主要有以下 6 个。

（1）color：设置文本颜色。

（2）text-align：设置文本的对齐方式。

（3）text-decoration：设置文本修饰。

（4）text-indent：设置文本缩进。

（5）letter-spacing、word-spacing：设置间距。

（6）line-height：设置行高。

```
p{
    color: red;
    font-size: 16px;
    text-decoration: underline;
    text-indent: 2em;
    letter-spacing: 2px;
    line-height: 25px;
}
```

文本属性的显示效果如图 3-2 所示。

2．text-decoration 属性

text-decoration 属性用于设置文本修饰，常用的属性值有以下 4 个。

（1）none：无效果，默认值。

（2）underline：设置下画线。

（3）overline：设置上画线。

（4）line-through：设置中间线。

```
<p style="text-decoration: none;">无效果</p>
<p style="text-decoration: underline;">下画线</p>
<p style="text-decoration: overline;">上画线</p>
<p style="text-decoration: line-through;">中间线</p>
```

文本修饰的显示效果如图 3-3 所示。

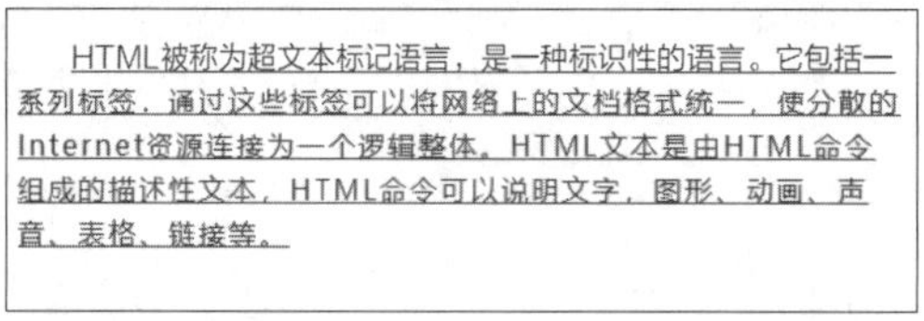

图 3-2

图 3-3

综上所述，通过设置 text-decoration:underline 可以设置文本下画线。

（三）参考答案：D

3.2.3　2019 年-第 15 题

说明：**2019 年单选题-第 15 题（初级）**同 **2020 年单选题-第 12 题（初级）**类似，以此题为代表进行解析。

以下 CSS 单位是绝对长度单位的是（　　　）。

A．px　　　　　　　　B．em　　　　　　　　C．rem　　　　　　　　D．百分比

（一）考核知识和技能

1．相对长度单位

2．绝对长度单位

（二）解析

1．相对长度单位

相对长度单位指定一个长度相对于另一个元素长度的单位，常用的相对长度单位如下。

（1）%：百分比长度。

（2）em：1em 等于当前元素的 font-size 字号。

（3）rem：相对的是 HTML 根元素，等于 HTML 根元素的 font-size 字号。

2．绝对长度单位

绝对长度单位是固定的，它反应一个真实的物理尺寸。

px：像素（计算机屏幕上的一个点）。

综上所述，px 为绝对长度单位，em、rem 和百分比都是相对长度单位。

（三）参考答案：A

3.2.4　2019 年-第 21 题

关于 border-radius 属性说法正确的是（　　　）。

A．设置边框的圆角　　　　　　　　B．不能设置成圆形

C．设置容器样式　　　　　　　　　D．只能设置一个值

（一）考核知识和技能

border-radius 属性

（二）解析

（1）border-radius 属性用于为元素创建圆角边框，当把 border-radius 属性的值设置为 50% 时，可以把一个正方形元素变成圆形，示例代码如下。

```
<head>
   <style>
      div{ width: 180px; height: 180px; border: solid 5px green; }
      .d2{ border-radius: 25px; /*圆角边框效果*/ }
      .d3{ border-radius: 50% /*圆形效果*/ }
   </style>
</head>
<body>
   <div></div>
   <div class="d2"></div>
   <div class="d3"></div>
</body>
```

上述代码的运行效果如图 3-4 所示。

（2）border-radius 属性是 border -*- radius 属性的复合属性，border -*- radius 属性表示以下几个属性。

- border-top-left-radius：设置左上角。

- border-top-right-radius：设置右上角。

- border-bottom-right-radius：设置右下角。
- border-bottom-left-radius：设置左下角。

border-radius 属性的值可以是 1 到 4 个，分别设置不同的角的效果，示例代码如下。

```
<head>
   <style>
      div{ width: 200px; height: 200px; background: green; }
      .d1{ border-radius: 0px 120px; /*左上和右下角 0px, 右上和左下角 120px*/}
      .d2{ border-radius: 0px 100px 200px; /*左上角 0px, 右上和左下角 100px, 右
下角 200px*/}
      .d3{ border-radius: 0px 0px 100px 100px; /*左上角 0px, 右上角 0px, 右下角
100px, 左下角 100px*/ }
   </style>
</head>
<body>
   <div class="d1"></div>
   <div class="d2"></div>
   <div class="d3"></div>
</body>
```

上述代码的运行效果如图 3-5 所示。

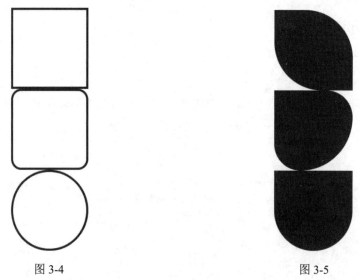

图 3-4   图 3-5

综上所述，关于 border-radius 属性说法正确的是：设置边框的圆角。

（三）参考答案：A

3.2.5 2019 年-第 22 题

关于 flex 说法正确的是（   ）。

A．设置 Flex 布局以后，子元素的 float 和 clear 等样式全部失效

B．不是任何一个容器都可以使用 Flex 弹性布局

C．设置 flex:1 无意义

D．flex 是指设置固定定位

（一）考核知识和技能

1．布局解决方案
2．Flex 布局

（二）解析

1．布局解决方案

（1）基于盒模型，应用"display 属性 | position 属性+float 属性"。
（2）弹性布局：Flex 布局，用于为盒模型提供最大的灵活性。

2．Flex 布局

（1）任何一个容器都可以被指定为 Flex 布局。
（2）设置为 Flex 布局后，子元素的 float、clear 和 vertical-align 属性将全部失效。
（3）Flex 容器：采用 Flex 布局的元素被称为 Flex 容器，它的所有子元素自动成为容器成员，被称为 Flex 项目。

容器的两根轴：水平主轴（main axis）和垂直交叉轴（cross axis）。

（4）容器的属性设置。

- flex-direction：设置主轴的方向。
- flex-wrap：设置换行。
- flex-flow：flex-direction 属性和 flex-wrap 属性的简写形式。
- justify-content：设置主轴的对齐方式，属性值包括 flex-start、flex-end、center、space-between、space-around。
- align-items：设置交叉轴的对齐方式。
- align-content：定义多根轴线的对齐方式。

容器的 justify-content 属性的显示效果如图 3-6 所示。

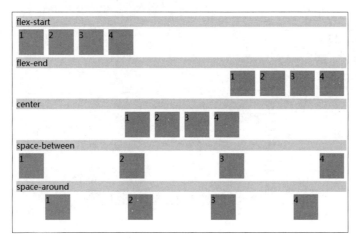

图 3-6

（5）项目的属性。

- order：设置排列顺序。

- flex-grow：设置放大比例。
- flex-shrink：设置缩小比例。
- flex-basis：设置主轴空间。
- flex：flex-grow，flex-shrink 和 flex-basis 属性的简写形式，建议优先使用 flex 属性，而不是单独使用 3 个分离的属性，因为浏览器会推算 flex-grow，flex-shrink 和 flex-basis 属性的值。

flex:1 等分剩余空间（如果存在的话），让所有的子元素都有相同的长度，且忽略它们内部的内容。

- align-self：定义 flex 子项单独在侧轴（纵轴）方向上的对齐方式。

综上所述，设置 Flex 布局后，子元素的 float 和 clear 等样式全部失效。

（三）参考答案：A

3.2.6　2019 年-第 23 题

设置容器阴影的属性是（　　）。

A．box-sizing　　　B．box-shadow　　　C．border-radius　　　D．border

（一）考核知识和技能

1．盒模型
2．盒模型内容的宽高计算
3．盒模型的边框属性（border）
4．CSS3 新特性（圆角边框、盒阴影）

（二）解析

1．盒模型

（1）content 内容。
（2）padding 内边距。
（3）border 边框。
（4）margin 外边距。

参考如图 3-7 所示。

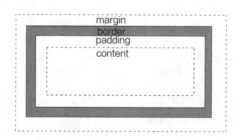

图 3-7

2．盒模型内容的宽高计算

box-sizing 属性的语法格式为 box-sizing:content-box|border-box|inherit，其属性值如下。

（1）content-box 是默认值。

width = 内容的宽度

height = 内容的高度

```
div{
    width: 200px;
    height: 200px;
    border: 10px solid yellowgreen;
    padding: 20px;
    margin: 20px;
    box-sizing: content-box;
}
```

参考如图 3-8 所示。

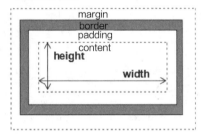 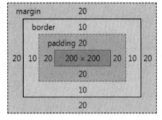

图 3-8

（2）border-box。

width = border*2 + padding*2 + 内容的宽度

height = border*2 + padding*2 + 内容的高度

```
div{
    width: 200px;
    height: 200px;
    border: 10px solid yellowgreen;
    padding: 20px;
    margin: 20px;
    box-sizing: border-box;
}
```

参考如图 3-9 所示。

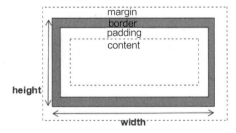 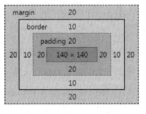

图 3-9

3．盒模型的边框属性（border）

border 属性的语法格式为 border:border-width border-style border-color ;。

4．CSS3 新特性（圆角边框、盒阴影）

（1）盒阴影（box-shadow 属性）。

box-shadow 属性的语法格式为 box-shadow: h-shadow v-shadow blur spread color inset, h-shadow v-shadow blur spread color inset;。

HTML 代码：

```
<body>
    <div class="div1">div1</div><br/>
    <div class="div2">div2</div>
</body>
```

CSS3 代码：

```
div{
    width: 100px;
    height: 100px;
    border: 5px solid red;
}
.div1{ box-shadow: 5px 5px 10px black;}
.div2{ box-shadow: 5px 5px 10px black,5px 5px 10px black inset;}
```

页面运行效果如图 3-10 所示。

（2）圆角边框（border-radius 属性）。

border-*-radius 属性用于设置 4 个方向的圆角边框。

HTML 代码：

```
<body>
    <div id="div1"></div>
</body>
```

CSS3 代码：

```
#div1{
    width: 200px;
    height: 200px;
    background-color: red;
    border-radius: 20px 20px 20px 20px;
}
```

页面运行效果如图 3-11 所示。

HTML 代码：

```
<body>
    <div id="div2"></div>
</body>
```

CSS3 代码：

```
#div2{
```

```
    width: 200px;
    height: 200px;
    background-color: red;
    border-radius: 100px;
}
```

页面运行效果如图 3-12 所示。

图 3-10　　　　　　　　　　图 3-11　　　　　　　　　　图 3-12

综上所述，设置容器阴影的属性是 box-shadow。

（三）参考答案：B

3.2.7　2019 年-第 26 题

以下 CSS 选择器命名错误的是（　　　）。

A．*　　　　　　　　B．.table　　　　　　　C．%div　　　　　　　D．.box p

（一）考核知识和技能

1．CSS 选择器命名规范

2．CSS 语法规则

3．选择器

（二）解析

1．CSS 选择器命名规范

标识符（包括选择器中的元素名、类名和 id）只能包含字符[a-zA-Z0-9]和 ISO 10646 字符编码 U+00A1 及以上，以及连字符（-）和下画线（_）。

标识符不能以数字或一个连字符后面加数字为开头命名。标识符可以包含转义字符加任何 ISO 10646 字符作为一个数字编码。

2．CSS 语法规则

CSS 语法规则由两个主要的部分构成：选择器，以及一条或多条声明，如图 3-13 所示。

（1）选择器：需要改变样式的 HTML 元素。

（2）声明：由一个属性和一个值组成，以分号 ";" 结束。声明组以大括号 "{}" 括起来。

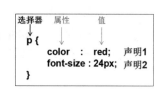

图 3-13

（3）属性：需要设置的样式属性，每个属性有一个值，属性和值以冒号隔开。

3. 选择器

选择器分为基本选择器与关系选择器。

（1）基本选择器。

① 通配符选择器：*。

```
*{font-size: 12px; }
```

② 标签选择器：标签名。

```
span{color: red; }
```

③ #id 选择器：#+id。

```
#spanid{color: red; }
```

④ .class 类选择器：.+类名。

```
.spanclass{color: red; }
```

（2）关系选择器。

① 后代选择器：E F。

```
div p{color: red; }
```

② 子代选择器：E > F。

```
div>p{color: red; }
```

③ 群组选择器：E,F。

```
h2, div{background: red;}
```

综上所述，*是通配符选择器，.table 是 class 类选择器，.box p 是后代选择器，%div 不符合 CSS 选择器命名规范。

（三）参考答案：C

3.2.8 2020 年-第 2 题

关于 CSS 中的 color 属性说法正确的是（   ）。

A．设置文字前景色   B．设置背景色

C．设置边框颜色   D．设置浏览器主题颜色

（一）考核知识和技能

1．color 属性

2．background-color 属性

3．border-color 属性

（二）解析

1．color 属性

（1）color 属性用于设置文本的颜色。

```
<p>abc</p>
<style>
   p{color: red;}
</style>
```

（2）文本颜色的显示效果如图 3-14 所示。

2．background-color 属性

（1）background-color 属性用于设置元素的背景颜色。

```
<p>abc</p>
<style>
   p{background-color: yellow;}
</style>
```

（2）背景颜色的显示效果如图 3-15 所示。

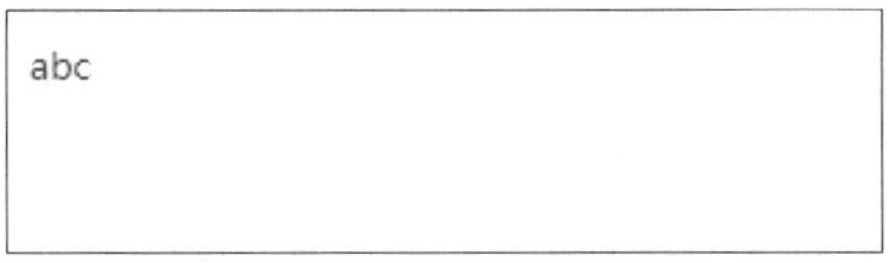

图 3-14 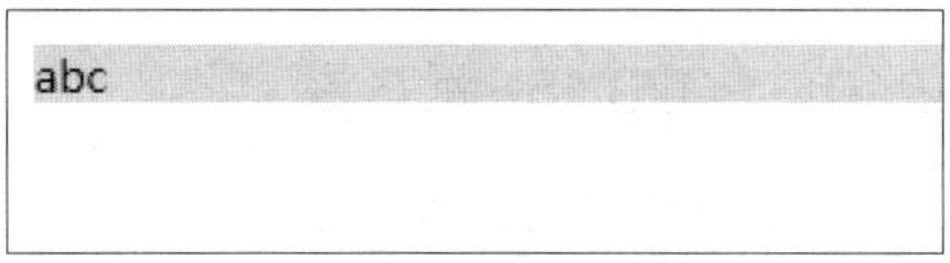   图 3-15

3．border-color 属性

（1）border-color 属性用于设置边框的颜色。

```
<p>abc</p>
<style>
 p{
    border-color: yellow;
    border-style: solid;
 }
</style>
```

（2）边框颜色的显示效果如图 3-16 所示。

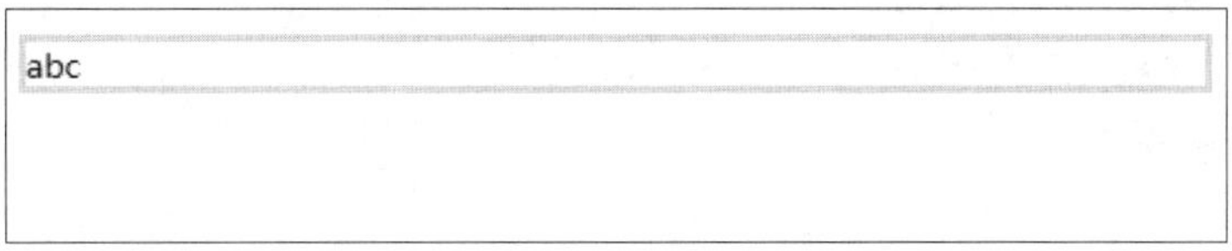

图 3-16

综上所述，color 属性用于设置文字前景色。

（三）参考答案：A

3.2.9　2020 年-第 3 题

以下 CSS 选择器命名错误的是（　　　）。

A．*　　　　　　　　B．table　　　　　　　C．%div　　　　　　　D．.box p

（一）考核知识和技能

1．CSS 选择器命名规范

2．选择器

（二）解析

（1）通配符选择器：*。

（2）类选择器：.class。

（3）元素选择器：Element。

（4）后代选择器：E1 E2。

综上所述，*是通配符选择器，table 是标签选择器，.box p 是后代选择器，%div 不符合 CSS 选择器命名规范。

（三）参考答案：C

3.2.10　2020 年-第 6 题

设置边框样式的属性是（　　）。

A．box-sizing　　　B．box-shadow　　　C．border-radius　　　D．border

（一）考核知识和技能

1．盒模型

2．盒模型内容的宽高计算

3．盒模型的边框属性

4．CSS3 新特性（圆角边框、盒阴影）

（二）解析

（1）box-sizing 属性：规定如何计算一个元素的总宽度和总高度。

（2）box-shadow 属性：设置盒阴影。

（3）border-radius 属性：设置圆角边框。

（4）border 属性：设置边框样式。

综上所述，设置边框样式的属性是 border 属性。

（三）参考答案：D

3.2.11　2020 年-第 16 题

关于 flex 说法错误的是（　　）。

A．设置 Flex 布局以后，子元素的 float 和 clear 等样式全部失效

B．任何一个容器都可以使用 Flex 弹性布局

C．设置 flex:1 无意义

D．Flex 是弹性布局

（一）考核知识和技能

1．Flex（Flexible Box）弹性布局

2．弹性布局的属性

3．弹性容器的属性

4．弹性元素的属性

5．float、clear 样式

（二）解析

1．Flex（Flexible Box）弹性布局

任何一个容器都可以被指定为 Flex 布局，又称弹性布局。

```
div{
    display:flex;
}
```

参考如图 3-17 所示。

2．弹性布局的属性

（1）弹性容器的属性：flex-direction、flex-wrap、
justify-content、align-items。

（2）弹性元素的属性：flex-grow、flex-shrink、
flex-basis、flex。

3．弹性容器的属性

（1）flex-direction 用于设置主轴方向，如图 3-18
所示。

（2）flex-wrap 用于设置换行，如图 3-19 所示。

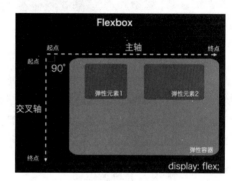

图 3-17

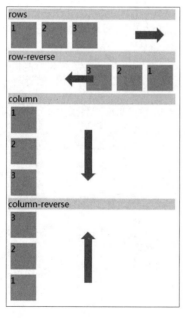

图 3-18

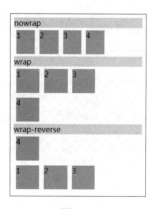

图 3-19

（3）justify-content 用于设置主轴对齐方式，如图 3-20 所示。

（4）align-items 用于设置交叉轴对齐方式，如图 3-21 所示。

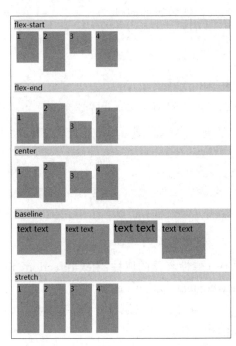

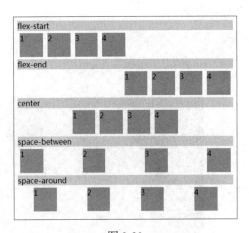

图 3-20   图 3-21

4．弹性元素的属性

（1）flex-grow：设置放大比例。

（2）flex-shrink：设置缩小比例。

（3）flex-basis：设置主轴空间。

（4）flex 属性：flex-grow，flex-shrink 和 flex-basis 属性的简写形式。

HTML 代码：

```
<div id="main">
  <div>div1</div>
  <div>div2</div>
  <div>div3</div>
</div>
```

CSS 代码：

```
#main{
  width:220px;
  height:300px;
  border:1px solid black;
  display:flex;
  align-items: center;
}
#main div{
  flex:1;
  border: 1px solid blue;
}
```

5．float、clear 样式

（1）弹性子元素的 float 和 clear 样式全部失效。

HTML 代码：

```
<div id="main">
  <div>div1</div>
  <div>div2</div>
  <div>div3</div>
</div>
```

CSS 代码：

```
#main{
  width: 220px;
  height: 300px;
  border: 1px solid black;
}
#main div{
  float: left;
  border: 1px solid blue;
}
#main div: last-child{
  clear: left;
}
```

页面效果如图 3-22 所示。

（2）设置 flex:1 后弹性子元素的宽度相等，且充满弹性容器。

HTML 代码：

```
<div id="main">
  <div>div1</div>
  <div>div2</div>
  <div>div3</div>
</div>
```

CSS 代码：

```
#main{
  width:220px;
  height: 300px;
  border: 1px solid black;
  display: flex;
  align-items: center;
}
#main div{
  flex: 1;
  float: left;
  border: 1px solid blue;
}
```

页面效果如图 3-23 所示。

综上所述，设置 flex:1 无意义这句话是错误的。

（三）参考答案：C

图 3-22

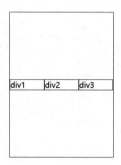

图 3-23

3.2.12　2020 年-第 19 题

给某段文字设置穿过文本的一条线，应该设置什么属性？（　　　）

A．text-transform
B．text-decoration
C．text-indent
D．text-align

（一）考核知识和技能

CSS 文本属性

（二）解析

text-decoration 属性用于设置文本修饰，常用的属性值有以下 4 个。

（1）none：无效果，默认值。

（2）underline：设置下画线。

（3）overline：设置上画线。

（4）line-through：设置中间线。

综上所述，通过设置 text-decoration:line-through 可以设置穿过文本的一条线。

（三）参考答案：B

3.2.13　2020 年-第 23 题

在 CSS 中，设置背景图像的代码正确的是（　　　）。

A．background-image:src(img/27.jpg)
B．background-image:img/27.jpg
C．background-img:url(img/27.jpg)
D．background-image:url(img/27.jpg)

（一）考核知识和技能

CSS 背景样式

（二）解析

常用的 CSS 背景样式包括以下 4 个。

（1）background-color：设置背景颜色。

（2）background-image：设置背景图像。

（3）background-repeat：设置背景图像的平铺方式。

（4）background：设置复合样式。

```
body{
    background-color: skyblue;                    //设置背景颜色为 skyblue
    background-image: url(img/img1.png);          //设置背景图像
    background-repeat: no-repeat;                 //设置背景图像不重复平铺
}
```

综上所述，背景图像需要使用 background-image 属性或 background 属性设置，其属性值是一个 URL。

（三）参考答案：D

3.2.14　2020 年-第 27 题

在 HTML 中，以下哪个元素可以用于导入 CSS 外部样式？（　　　）

A．class　　　　　　　B．import　　　　　　C．link　　　　　　D．title

（一）考核知识和技能

1．CSS 样式表的创建和引用

2．外部样式表的导入方式

（二）解析

（1）CSS 样式表的创建和引用有以下 3 种方式。

① 外部样式表：<link href="xx.css".../>。

② 内部样式表：<style>样式定义</style>。

③ 内联样式：style 属性。

（2）外部样式表的导入方式如下。

```
<link rel="stylesheet" type="text/css" href="css/question27.css"/>
```

浏览器开发者工具中的加载效果如图 3-24 所示。

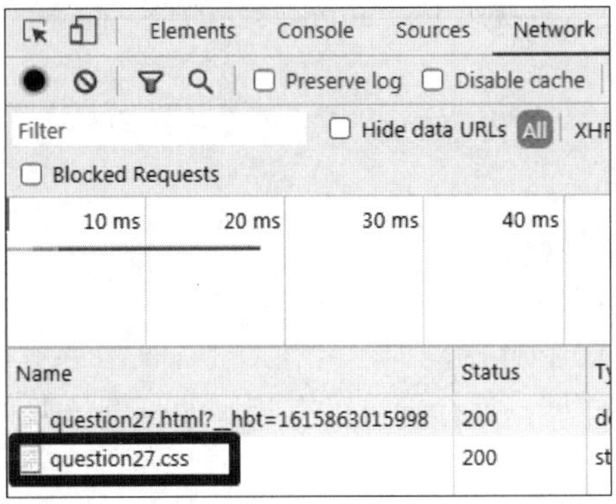

图 3-24

综上所述，link 元素可以用于导入 CSS 外部样式。

（三）参考答案：C

3.2.15　2020 年-第 28 题

在 CSS 中，使用什么属性可以将文本居中？（　　）

A．Font　　　　　　　B．text-align　　　　　C．align-center　　　D．location

（一）考核知识和技能

1．CSS 文本属性

2．text-align 属性

3．HTML align 属性

4．CSS 字体属性

（二）解析

1．CSS 文本属性

CSS 文本属性主要有以下 6 个。

（1）color：设置文本颜色。

（2）text-align：设置文本的对齐方式。

（3）text-decoration：设置文本修饰。

（4）text-indent：设置文本缩进。

（5）letter-spacing、word-spacing：设置间距。

（6）line-height：设置行高。

2．text-align 属性

text-align 属性规定元素中的文本的水平对齐方式。其属性值如下。

（1）left：把文本排列到左边。默认值由浏览器决定。

（2）right：把文本排列到右边。

（3）center：把文本排列到中间。

（4）justify：实现两端对齐的文本效果。

（5）inherit：规定从父元素继承 text-align 属性的值。

3．HTML align 属性

align 属性规定 div 元素中的内容的水平对齐方式，用法为<div align="value">，其常用的属性值如下。

（1）left：规定内容左对齐。

（2）right：规定内容右对齐。

（3）center：规定内容居中对齐。

（4）justify：对行进行伸展，每行都可以有相等的长度（类似于报纸和杂志内容的水平对齐方式）。

4．CSS 字体属性

CSS Fonts（字体）属性用于定义字体系列、大小、粗细和文字样式（如斜体）。

综上所述，通过设置 text-align:center 可以将文本居中，CSS 中没有 location 属性。

（三）参考答案：B

3.2.16　2021 年-第 2 题

下列符合 CSS 语法的是（　　　）。

A．color=red;

B．color red;

C．color:red;

D．color-red;

（一）考核知识和技能

1．CSS 语法

2．CSS 样式规则

（二）解析

1．CSS 语法

CSS 语法由选择器和声明两部分组成，其中声明由属性和属性值组成。

```
选择器{属性 1:属性值 1; 属性 2:属性值 2; 属性 3:属性值 3; ……}
```

其中，选择器决定了定义的样式对哪些元素生效。属性:属性值被称为样式，每一条样式都决定了目标元素将会发生的变化。

```
p{ color:red; }
```

2．CSS 样式规则

在实际编写 CSS 样式中，有以下几点需要注意。

（1）一般来说，一行定义一条样式，每条声明的末尾都需要加上分号。

（2）CSS 不区分大小写，但在实际编写中，推荐属性名和属性值皆使用小写形式。因为存在一种特殊情况：如果涉及与 HTML 文档一起工作，那么 class 名称和 id 名称是区分大小写的。所以，W3C 推荐在 HTML 文档中使用小写形式进行命名。

（3）可以将具有相同样式的选择器分成一个组，用逗号将每个选择器隔开。

```
h1, h2, h3, h4, h5, h6 {
    color:red;
}
```

综上所述，符合{属性:属性值;}样式的是"color:red;"，它的作用是设置所选元素的颜色为红色。

（三）参考答案：C

3.2.17　2021 年-第 8 题

下列代码在页面中显示的效果是（　　　）。

```
<div title="black" style="color:red; ">hello</div>
```

A．黑色的文字   B．红色的文字

C．黑色的背景   D．红色的背景

（一）考核知识和技能

1．HTML 标签（元素）的全局标准属性

2．引入 CSS 样式表的方式

3．CSS 的属性

（二）解析

1．HTML 标签（元素）的全局标准属性

在 HTML 规范中，规定了 8 个全局标准属性，如表 3-2 所示。

表 3-2

属性	描述
class	用于定义元素的类名
id	用于定义元素的唯一 id，注意该属性的值在整个 HTML 文档中具有唯一性
style	用于规定元素的行内样式（inline style），使用该属性后将会覆盖任何全局的样式设置
title	用于描述元素的额外信息，通常会在鼠标指针移到元素上时显示定义的提示文本
accesskey	用于指定激活元素（获得焦点）的快捷键
tabindex	用于指定元素在 Tab 键下的次序
dir	用于指定元素中内容的文本方向
lang	用于指定元素内容的语言

2．引入 CSS 样式表的方式

为了在 HTML 文档中使用 CSS 样式表，通常有以下 4 种方式。

（1）引入外部样式文件：通过 link 元素引入外部样式文件，外部样式文件通常是以 css 为后缀的文件。这种方式的优点是样式文件与 HTML 文档分离，一份样式文件可以用于多份 HTML 文档，重用性较好。

```
<!DOCTYPE html>
<html>
    <head>
        <meta charset="UTF-8">
        <title></title>
        <link type="text/css" rel="stylesheet" href="CSS 样式文件的 URL" />
    </head>
    <body>
    </body>
</html>
```

（2）导入外部样式文件：通过 style 元素使用@import 导入，其显示效果与引入外部样式文件的显示效果相同。

```
<style type="text/css">
    @import "CSS 样式文件的 URL";
```

```
</style>
```

（3）使用内部样式定义：直接将 CSS 样式表写在 style 元素中作为元素的内容。这种写法重用性差，有时还会导致 HTML 文档过大。

```
<!DOCTYPE html>
<html>
    <head>
        <meta charset="UTF-8">
        <title></title>
        <style>
            div{
                background-color: #ff0000;
                width: 200px;
                height: 200px;
            }
        </style>
    </head>
    <body>
    </body>
</html>
```

（4）使用内联样式（也称行内样式）定义：将 CSS 样式表写入元素的通用属性 style 中。这种方式只对单个元素有效，不会影响整个文档，可以精准地控制 HTML 文档的显示效果。

```
<div style="color:red;width: 200px; height: 200px;">hello</div>
```

3．CSS 的属性

（1）CSS 背景属性。

CSS 允许为任何元素添加纯色作为背景，也允许使用图像作为背景，并且可以精准地控制背景图像，以达到精美的效果。CSS 背景属性如表 3-3 所示。

表 3-3

属性	含义	属性值
background-color	定义背景颜色	颜色名/十六进制数/RGB 函数/transparent/inherit
background-image	定义背景图像	none/inherit/url（图像的 URL）
background-repeat	定义背景图像是否重复及其重复方式	repeat/repeat-x/repeat-y/no-repeat/inherit
background-attachment	定义背景图像是否跟随内容滚动	scroll/fixed/inherit
background-position	定义背景图像的水平位置和垂直位置	位置参数/长度/百分比
background	可以用一条样式定义各种背景属性	以上 5 个背景属性值

（2）CSS 字体属性。

HTML 的核心内容是文本内容，CSS 为 HTML 的文本设置了字体属性，不仅可以更换不同的字体，还可以设置文本的风格等。CSS 中常用的字体属性如表 3-4 所示。

表 3-4

属性	含义	属性值
font-family	定义文本的字体系列	字体名称/字体系列/inherit
font-size	定义文本的字号	绝对大小/相对大小/长度/百分比/inherit
font-style	定义文本的字体是否为斜体	normal/italic/oblique/inherit
font-variant	定义是否以小型大写字母的字体显示文本	normal/small-caps/inherit
font-weight	定义字体的粗细	normal/bold/bolder/lighter/100/200/300/400/500/600/700/800/900/inherit
font	可以用一条样式定义各种字体属性	以上 5 个字体属性值

（3）CSS 文本属性。

CSS 文本属性用于设置 HTML 网页中文本的颜色、对齐方式、首行缩进方式等显示效果。CSS 中常用的文本属性如表 3-5 所示。

表 3-5

属性	含义	属性值
color	定义文本的颜色	颜色名/十六进制数/RGB 函数/transparent/inherit
direction	定义文本方向或者书写方向	ltr/rtl/inherit
letter-spacing	定义字符的间距	normal/长度/inherit
line-height	定义文本的行高	normal/number/长度/百分比/inherit
text-align	定义文本的水平对齐方式	left/right/center/inherit
text-decoration	为文本添加装饰效果	none/underline/overline/line-through/blink/inherit
text-indent	定义文本的首行缩进方式	长度/百分比/inherit
text-shadow	为文本添加阴影效果	x-position/y-position/blur/color
text-transform	切换文本的大小写	none/capitalize/uppercase/lowercase/inherit
white-space	设置如何处理元素内的空白	normal/pre/nowrap/inherit
word-spacing	定义单词之间的距离	normal/长度/inherit

（4）CSS 尺寸属性。

CSS 尺寸属性用于设置每个元素的大小，包括宽度、最小宽度、最大宽度、高度、最小高度、最大高度。CSS 尺寸属性如表 3-6 所示。

表 3-6

属性	含义	属性值
width	设置元素的宽度	auto/长度/百分比/inherit
min-width	设置元素的最小宽度	长度/百分比/inherit
max-width	设置元素的最大宽度	长度/百分比/inherit
height	设置元素的高度	auto/长度/百分比/inherit
min-height	设置元素的最小高度	长度/百分比/inherit
max-height	设置元素的最大高度	长度/百分比/inherit

（5）CSS 列表属性。

CSS 列表属性用于改变列表项标记，或者使用图像作为列表项标记。CSS 列表属性如

表 3-7 所示。

表 3-7

属性	含义	属性值
list-style-image	设置列表项标记样式为图像	none/inherit/url（图像的 URL）
list-style-position	设置列表项标记的位置	inside/outside/inherit
list-style-type	设置列表项标记的类型	none/disc/circle/square/decimal/lower-roman/upper-roman/ lower-alpha/upper-alpha 等
list-style	可以用一条样式定义各种列表属性	以上 3 个列表属性值

（6）CSS 表格属性。

CSS 表格属性用于改变表格的外观。CSS 表格属性如表 3-8 所示。

表 3-8

属性	含义	属性值
border-collapse	设置是否合并表格边框	separate/collapse/inherit
border-spacing	设置相邻单元格边框之间的距离	inherit/initial/revert/unset
caption-side	设置表格标题的位置	top/bottom/inherit
empty-cells	设置是否显示表格中空单元格上的边框和背景	show/hide/inherit
table-layout	设置用于表格的布局算法	auto/fixed/inherit

（7）CSS 内容属性。

content 内容属性通常是和:before 及:after 伪元素选择器配合使用的，用于插入生成内容，默认插入的内容显示为行内内容。

综上所述，题目代码<div title="black" style="color:red; ">hello</div>，定义了 div 元素中的文字内容"hello"；通过内联样式设置 CSS 文本属性 color，定义了文字的颜色为红色；通过HTML 标签（元素）的全局标准属性 title，设置当鼠标指针移到文字上时显示提示文本 black，显示效果如图 3-25 所示。

图 3-25

（三）参考答案：B

3.2.18　2021 年-第 12 题

下列哪个是 CSS 中注释的正确写法？（　　　）

A．<!--……-->　　　B．*/……*/　　　　C．*/……/*　　　　D．/*……*/

（一）考核知识和技能

1．CSS 注释

2．HTML 注释

（二）解析

1．CSS 注释

CSS 注释用于为代码添加额外的解释，或者阻止浏览器解析特定区域内的 CSS 代码。

注释对文档布局没有影响，浏览器会忽略注释，不显示注释。

CSS 注释可以写在样式表中任意允许空格的位置。注释可以写成一行，也可以写成多行。以/*开始，以*/结束。

```
<style>
    /* Comment */
    /*这是单行注释*/
    p{
        text-align: center;
        /*这是另一个单行注释*/
        color: black;
    }
    /* 这是多行注释
    .tab_list {
        height: 39px;
        border: 1px solid #ccc;
        background-color: #f1f1f1;
    }
    */
    ......
</style>
```

2. HTML 注释

<!--......-->用于在 HTML 中插入注释，它的开始标签为"<!--"，结束标签为"-->"，开始标签和结束标签不一定在同一行，也就是可以写多行注释。浏览器不会显示注释。

```
<body>
    <!-- 这是一段注释 -->
    <p>这是一个段落。</p>
    <!-- 因布局出错，注释此图像，先不显示
    <img border="1" src="img/logo.jpg" alt="logo">
    -->
    ......
</body>
```

综上所述，<!--......-->用于 HTML 注释，/*......*/用于 CSS 注释。

（三）参考答案：D

3.2.19　2021 年-第 13 题

在 CSS 中，表示像素的单位是（　　）。

A. rem　　　　　B. em　　　　　C. px　　　　　D. %

（一）考核知识和技能

1. CSS 单位分类
2. 绝对长度单位
3. 相对长度单位

（二）解析

1．CSS 单位分类

长度单位有两种类型：绝对长度单位和相对长度单位，许多 CSS 属性接收长度值，如 width、margin、padding、font-size 属性等。

2．绝对长度单位

绝对长度单位是固定的，用任何一个绝对长度表示的长度都将恰好显示为这个尺寸。绝对长度单位如表 3-9 所示。

表 3-9

单位	描述
cm	厘米
mm	毫米
in	英寸（1in = 96px = 2.54cm）
px	像素（1px = 1/96th of 1in）
pt	点（1pt = 1/72 of 1in）
pc	派卡（1pc = 12 pt）

3．相对长度单位

相对长度单位指定一个长度相对于另一个元素长度的单位。相对长度单位在不同渲染介质之间缩放表现得更好。相对长度单位如表 3-10 所示。

表 3-10

单位	描述
em	相对于元素的字号（font-size）（2em 表示为当前字号的 2 倍）
ex	相对于当前字体的 x-height（极少使用）
ch	相对于"0"（零）的宽度
rem	相对于根元素的字号（font-size）
vw	相对于视口*宽度的 1%
vh	相对于视口*高度的 1%
vmin	相对于视口*较小尺寸的 1%
vmax	相对于视口*较大尺寸的 1%
%	相对于父元素

综上所述，rem、em、px、%都是 CSS 长度单位，表示像素的单位是 px。

（三）参考答案：C

3.2.20　2021 年-第 17 题

Cascading Style Sheets 是指（　　　）。

A．超文本链接　　　　　　　　B．层叠样式表

C．超文本样式表　　　　　　　D．超文本标记语言

（一）考核知识和技能

1．CSS 概念

2．HTML 概念

（二）解析

1．CSS 概念

CSS 的英文全称是 Cascading Style Sheets，中文名称为级联样式表，也被称为层叠样式表。层叠就是样式可以层层叠加，可以对一个元素多次设置样式，后面定义的样式会对前面定义的样式进行重写，在浏览器中看到的效果是应用最后一次设置的样式的效果。CSS 是一种表现语言，是对网页结构语言的补充。CSS 主要用于网页的风格设计，包括字体、颜色、位置等方面的设计。在 HTML 网页中加入 CSS，可以使网页展现更丰富的内容。

2．HTML 概念

（1）超文本标记语言。

HTML 是指超文本标记语言（HyperText Markup Language），是为"网页创建和其他可在网页浏览器中看到的信息"设计的一种标记语言。人们可以使用 HTML 建立自己的 Web 站点。HTML 文档在浏览器上运行，并由浏览器解析。

（2）超文本链接。

超文本链接（hyperlink）是指文本中的词、短语、符号、图像、声音剪辑或影视剪辑之间的链接，或者与其他的文件、超文本文件之间的链接，也被称为"热链接（hotlink）"。

综上所述，Cascading Style Sheets 是指层叠样式表，超文本标记语言是指 HTML。

（三）参考答案：B

3.2.21　2021 年-第 18 题

给元素添加边框样式的属性是（　　　）。

A．style　　　　　B．border　　　　　C．broder　　　　　D．solid

（一）考核知识和技能

1．CSS 盒模型

2．CSS 边框属性

3．边框的样式

（二）解析

1．CSS 盒模型

CSS 盒模型，又称框模型（Box Model），包含元素内容（content）、内边距（padding）、边框（border）、外边距（margin）这几个要素，如图 3-26 所示。

2．CSS 边框属性

CSS 边框可以是围绕元素内容和内边距的一条或者多条线，对于这些线条，我们可以自定义它们的样式、宽度及颜色。CSS 边框属性如表 3-11 所示。

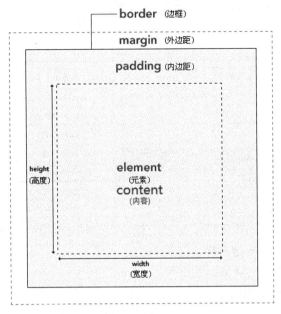

图 3-26

表 3-11

	属性	含义	属性值
样式	border-top-style	设置上边框的样式属性	none/hidden/dotted/dashed/solid/double/groove/ridge/inset/outset/ inherit
	border-right-style	设置右边框的样式属性	
	border-bottom-style	设置下边框的样式属性	
	border-left-style	设置左边框的样式属性	
	border-style	设置 4 条边框的样式属性	
宽度	border-top-width	设置上边框的宽度属性	thin/medium/thick/长度/inherit
	border-right-width	设置右边框的宽度属性	
	border-bottom-width	设置下边框的宽度属性	
	border-left-width	设置左边框的宽度属性	
	border-width	设置 4 条边框的宽度属性	
颜色	border-top-color	设置上边框的颜色属性	颜色名/十六进制数/RGB 函数/transparent/inherit
	border-right-color	设置右边框的颜色属性	
	border-bottom-color	设置下边框的颜色属性	
	border-left-color	设置左边框的颜色属性	
	border-color	设置 4 条边框的颜色属性	
复合	border-top	用一个声明定义所有上边框属性	border-top-width border-top-style border-top-color
	border-right	用一个声明定义所有右边框属性	border-right-width border-right-style border-right-color

续表

属性		含义	属性值
复合	border-bottom	用一个声明定义所有下边框属性	border-bottom-width border-bottom-style border-bottom-color
	border-left	用一个声明定义所有左边框属性	border-left-width border-left-style border-left-color
	border	用一个声明定义所有边框属性	border-width border-style border-color

3．边框的样式

样式是边框最重要的一个方面，如果没有样式，则没有边框，这时设置边框的颜色和宽度都是毫无意义的。CSS 边框样式如下。

none：无边框效果，默认值。

hidden：效果与 none 相同。但是对表来说，hidden 用于解决边框冲突。

dotted：点线边框效果，该效果在浏览器中支持性一般。

dashed：虚线边框效果。

solid：实线边框效果。

double：双线边框效果，双线的间隙宽度取决于 border-width 的值。

groove：3D 凹槽边框效果。

ridge：3D 凸槽边框效果。

inset：3D 凹入边框效果。

outset：3D 凸起边框效果。

inherit：从父元素继承边框样式。

可以使用 border-style 一次定义 4 条边框的样式，定义顺序为上右下左，其中可以利用值复制的规则进行简写，也可以通过 border-top-style、border-right-style、border-bottom-style、border-left-style 精准定义每条边框的样式。

综上所述，solid 是边框样式的一种，效果是实线边框。给元素添加边框样式的属性是border。

（三）参考答案：B

3.2.22　2021 年-第 20 题

在 CSS 中，可以设置文字颜色的是（　　）。

A．font-style　　　　B．font-color　　　　C．color　　　　D．background-color

（一）考核知识和技能

1．CSS 背景属性

2．CSS 字体属性

3．CSS 文本属性

（二）解析

1．CSS 背景属性

CSS 背景属性如表 3-12 所示。

表 3-12

属性	含义	属性值
background-color	定义背景颜色	颜色名/十六进制数/RGB 函数/transparent/inherit
background-image	定义背景图像	none/inherit/url（图像的 URL）
background-repeat	定义背景图像是否重复及其重复方式	repeat/repeat-x/repeat-y/no-repeat/inherit
background-attachment	定义背景图像是否跟随内容滚动	scroll/fixed/inherit
background-position	定义背景图像的水平位置和垂直位置	位置参数/长度/百分比
background	可以用一条样式定义各种背景属性	以上 5 个背景属性值

2．CSS 字体属性

CSS 字体属性如表 3-13 所示。

表 3-13

属性	含义	属性值
font-family	定义文本的字体系列	字体名称/字体系列/inherit
font-size	定义文本的字号	绝对大小/相对大小/长度/百分比/inherit
font-style	定义文本的字体是否为斜体	normal/italic/oblique/inherit
font-variant	定义是否以小型大写字母的字体显示文本	normal/small-caps/inherit
font-weight	定义字体的粗细	normal/bold/bolder/lighter/100/200/300/400/500/600/700/800/900/inherit
font	可以用一条样式定义各种字体属性	以上 5 个字体属性值

3．CSS 文本属性

CSS 文本属性如表 3-14 所示。

表 3-14

属性	含义	属性值
color	定义文本的颜色	颜色名/十六进制数/RGB 函数/transparent/inherit
direction	定义文本方向或者书写方向	ltr/rtl/inherit
letter-spacing	定义字符的间距	normal/长度/inherit
line-height	定义文本的行高	normal/number/长度/百分比/inherit
text-align	定义文本的水平对齐方式	left/right/center/inherit
text-decoration	为文本添加装饰效果	none/underline/overline/line-through/blink/inherit
text-indent	定义文本的首行缩进方式	长度/百分比/inherit
text-shadow	为文本添加阴影效果	x-position/y-position/blur/color
text-transform	切换文本的大小写	none/capitalize/uppercase/lowercase/inherit

续表

属性	含义	属性值
white-space	设置如何处理元素内的空白	normal/pre/nowrap/inherit
word-spacing	定义单词之间的距离	normal/长度/inherit

综上所述，font-style 属性定义文本的字体是否为斜体；字体属性中没有 font-color 属性，可以在<font>标签内使用 color 属性设置颜色值，如<font color="#FF0000">红色</font>；color 属性定义文本的颜色；background-color 属性定义背景颜色。因此可以设置文字颜色的是 color 属性。

（三）参考答案：C

3.2.23 2021 年-第 25 题

下列 CSS 属性中，可以设置字体的是（　　）。

A．font-family   B．color   C．font-style   D．font-size

（一）考核知识和技能

1．CSS 字体属性

2．CSS 文本属性

（二）解析

1．CSS 字体属性

CSS 字体属性如表 3-15 所示。

表 3-15

属性	含义	属性值
font-family	定义文本的字体系列	字体名称/字体系列/inherit
font-size	定义文本的字号	绝对大小/相对大小/长度/百分比/inherit
font-style	定义文本的字体是否为斜体	normal/italic/oblique/inherit
font-variant	定义是否以小型大写字母的字体显示文本	normal/small-caps/inherit
font-weight	定义字体的粗细	normal/bold/bolder/lighter/100/200/300/400/500/600/700/800/900/inherit
font	可以用一条样式定义各种字体属性	以上 5 个字体属性值

2．CSS 文本属性

CSS 文本属性中的 color 属性用于定义文本的颜色。

综上所述，font-family、font-style、font-size 3 个属性属于 CSS 字体属性，分别设置文本的字体、是否斜体、字号，color 属性用于定义文本的颜色。

（三）参考答案：A

3.2.24 2021 年-第 27 题

下列说法正确的是（　　）。

A．CSS 能够以外部文件的方式被 HTML 引用

B．无法在 HTML 文档中直接编写 CSS 代码

C．在 HTML 标签中使用 style 属性设置样式表优先级最低

D．在 CSS 文件中能够直接编写 HTML 代码

（一）考核知识和技能

1．引入 CSS 样式表的方式

2．样式表优先级

（二）解析

1．引入 CSS 样式表的方式

为了在 HTML 文档中使用 CSS 样式表，通常有以下 4 种方式。

（1）引入外部样式文件：通过 link 元素引入外部样式文件，外部样式文件通常是以 css 为后缀的文件。外部.css 文件不应包含任何 HTML 标签。

```
<head>
   <link type="text/css" rel="stylesheet" href="CSS 样式文件的 URL" />
</head>
```

（2）导入外部样式文件：通过 style 元素使用@import 导入，其显示效果与引入外部样式文件的显示效果相同。

```
<style type="text/css">
   @import "CSS 样式文件的 URL";
</style>
```

（3）使用内部样式定义：直接将 CSS 样式表写在 style 元素中作为元素的内容。

```
<head>
   <style>
      div{
         background-color: #ff0000;
         width: 200px;
         height: 200px;
      }
   </style>
</head>
```

（4）使用内联样式（也称行内样式）定义：将 CSS 样式表写入元素的通用属性 style 中，这种方式只对单个元素有效，可以精准地控制 HTML 文档的显示效果。

```
<div style="color:red;width: 200px; height: 200px;">hello</div>
```

2．样式表优先级

CSS 的特性是"层叠"，也就是说，一个 HTML 文档可能使用多种 CSS 样式表，细化到某元素来说，该元素会层叠多层样式表，但样式生效总会有一个顺序，即样式生效的优先级。

```
内联样式>内部样式>外部样式>浏览器默认效果
```

综上所述，CSS 外部文件能够通过 link 元素引入、使用@import 导入的方式被 HTML 引用；外部.css 文件不应包含任何 HTML 标签；可以在 HTML 文档中直接编写内联样式和内部样式的 CSS 代码；在 HTML 标签中使用 style 属性设置样式（即内联样式）的优先级最高。

（三）参考答案：A

3.2.25　2021 年-第 28 题

关于 CSS 的属性值描述正确的是（　　）。

A．CSS 可以将随机数作为属性值

B．不可以使用 CSS 在页面中置入图像

C．可以使用 CSS 实现鼠标指针悬停时显示某种样式

D．CSS 可以在不使用 HTML 的情况下直接重构页面

（一）考核知识和技能

1．CSS 背景属性

2．伪类选择器

（二）解析

1．CSS 背景属性

CSS 允许为任何元素添加纯色作为背景，也允许使用图像作为背景，并且可以精准地控制背景图像，以达到精美的效果。CSS 背景属性如表 3-16 所示。

表 3-16

属性	含义	属性值
background-color	定义背景颜色	颜色名/十六进制数/RGB 函数/transparent/inherit
background-image	定义背景图像	none/inherit/url（图像的 URL）
background-repeat	定义背景图像是否重复及其重复方式	repeat/repeat-x/repeat-y/no-repeat/inherit
background-attachment	定义背景图像是否跟随内容滚动	scroll/fixed/inherit
background-position	定义背景图像的水平位置和垂直位置	位置参数/长度/百分比
background	可以用一条样式定义各种背景属性	以上 5 个背景属性值

2．伪类选择器

伪类是指那些处在特殊状态的元素。伪类名可以单独使用，泛指所有元素，也可以和元素名称连起来使用，特指某类元素。伪类名以冒号（:）开头，元素选择符和冒号之间不能有空格，伪类名中间也不能有空格。

CSS 中常用的伪类如表 3-17 所示。

表 3-17

伪类名	含义
:active	对被激活的元素添加样式
:focus	对拥有输入焦点的元素添加样式
:hover	对鼠标指针悬停在上方的元素添加样式

续表

伪类名	含义
:link	对未被访问的链接添加样式
:visited	对已被访问的链接添加样式
:first-child	对元素添加样式，且该元素是它的父元素的第一个子元素
:lang	对带有指定 lang 属性的元素添加样式

伪类:hover 用于对鼠标指针悬停在上方的元素添加样式，以下代码实现了当鼠标指针悬停在文本上时显示<span>标签的隐藏文本。

```html
<!DOCTYPE html>
<html>
    <head>
        <style>
            span {
                display: none;
                background-color:greenyellow;
                padding: 15px;
            }
            div:hover span {
                display: block;
            }
        </style>
    </head>
    <body>
        <div>鼠标指针悬停
            <span>隐藏文本</span>
        </div>
    </body>
</html>
```

综上所述，可以使用 background-image 属性或者 background 属性在页面中置入背景图像，可以使用伪类:hover 实现鼠标指针悬停时显示某种样式。CSS 没有产生随机数的功能，因此 CSS 不能将随机数作为属性值。CSS（Cascading Style Sheets，层叠样式表）是一种用来为结构化文档（如 HTML 文档）添加样式的计算机语言，CSS 不能在不使用 HTML 的情况下直接重构页面。

（三）参考答案：C

3.3　多选题

3.3.1　2019 年-第 2 题

以下属于 CSS3 新增属性的是（　　　）。

A．background-clip　　　　　　　B．text-overflow

C．background-position　　　　　D．background-size

（一）考核知识和技能

CSS3 新增属性

（二）解析

CSS3 新增属性如下。

（1）background-clip 属性。

background-clip 属性用于规定背景的绘制区域。常见的 background-clip 属性值如表 3-18 所示。

表 3-18

属性值	说明
border-box	默认值，背景绘制在边框方框内
padding-box	背景绘制在内边距方框内
content-box	背景绘制在内容方框内

示例代码如下。

```
<head>
    <style>
        p{
            border: dotted 20px orange; padding: 20px; background: yellowgreen;
        }
        .p2{
            background-clip: content-box;  /*背景绘制在内容方框内*/
        }
    </style>
</head>
<body>
    <p>1994 年哈坤·利提出了 CSS 的最初建议。而当时伯特·波斯（Bert Bos）正在设计一个名为 Argo 的浏览器，于是他们决定一起设计 CSS。其实当时在互联网界已经有过一些统一样式表语言的建议了，但 CSS 是第一个含有"层叠"意义的样式表语言......</p>
    <p class="p2">1994 年哈坤·利提出了 CSS 的最初建议。而当时伯特·波斯（Bert Bos）正在设计一个名为 Argo 的浏览器，于是他们决定一起设计 CSS。其实当时在互联网界已经有过一些统一样式表语言的建议了，但 CSS 是第一个含有"层叠"意义的样式表语言......</p>
</body>
```

上述代码的运行效果如图 3-27 所示。

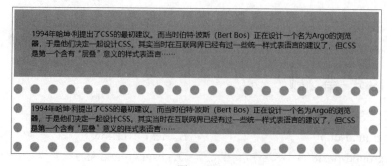

图 3-27

（2）text-overflow 属性。

text-overflow 属性用于规定当文本溢出包含文本的元素时，该如何显示。常见的 text-overflow 属性值如表 3-19 所示。

表 3-19

属性值	说明
clip	修剪文本
ellipsis	以省略号...表示被修剪的文本

示例代码如下。

```html
<head>
    <style>
    p{
        border: solid 5px orange;
        width: 600px;
        white-space: nowrap;  /*不允许换行*/
    }
    .p2{ overflow: hidden;  /*溢出时隐藏*/ }
    .p3{
        overflow: hidden;
        text-overflow: ellipsis;  /*隐藏的文字用省略号代替*/
    }
    </style>
</head>
<body>
    <p>1994 年哈坤·利提出了 CSS 的最初建议。而当时伯特·波斯（Bert Bos）正在设计一个名为
Argo 的浏览器，于是他们决定一起设计 CSS。其实当时在互联网界已经有过一些统一样式表语言的建议
了，但 CSS 是第一个含有"层叠"意义的样式表语言</p>
    <p class="p2">1994 年哈坤·利提出了 CSS 的最初建议。而当时伯特·波斯（Bert Bos）正
在设计一个名为 Argo 的浏览器，于是他们决定一起设计 CSS。其实当时在互联网界已经有过一些统一
样式表语言的建议了，但 CSS 是第一个含有"层叠"意义的样式表语言</p>
    <p class="p3">1994 年哈坤·利提出了 CSS 的最初建议。而当时伯特·波斯（Bert Bos）正
在设计一个名为 Argo 的浏览器，于是他们决定一起设计 CSS。其实当时在互联网界已经有过一些统一
样式表语言的建议了，但 CSS 是第一个含有"层叠"意义的样式表语言</p>
</body>
```

上述代码的运行效果如图 3-28 所示。

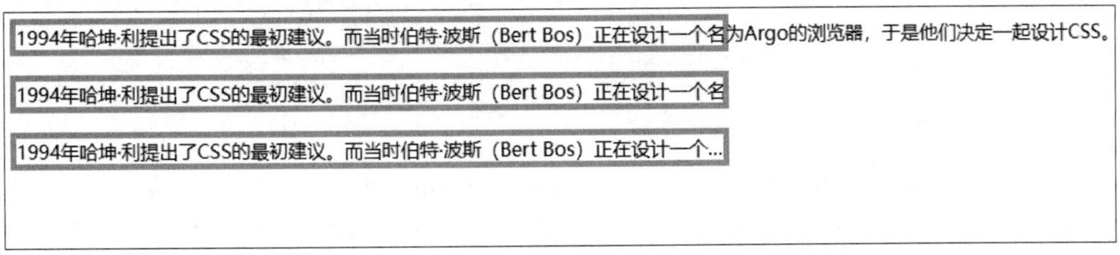

图 3-28

（3）background-size 属性。

background-size 属性用于指定背景图像的大小。常见的 background-size 属性值如表 3-20 所示。

表 3-20

属性值	说明
length	设置背景图像的高度和宽度。第一个值设置宽度，第二个值设置高度，如果只给出一个值，则第二个值设置为 auto（自动）
percentage	根据自身所属元素的宽度和高度，以百分比设置背景图像。第一个值设置宽度，第二个值设置高度，如果只给出一个值，则第二个值设置为 auto（自动）
cover	保持图像的纵横比并将图像缩放成完全覆盖背景区域的最小大小
contain	保持图像的纵横比并将图像缩放成适合背景区域的最大大小

示例代码如下。

```
<head>
  <style>
    p{
        width: 700px; border: solid 1px orange; padding: 50px;
        background: url(img/img.jpg) no-repeat;
    }
    .p1{ background-size: 100px; }
    .p2{ background-size: 50%; }
    .p3{ background-size: cover; }
    .p4{ background-size: contain; }
  </style>
</head>
<body>
    <p class="p1">1994 年哈坤·利提出了 CSS 的最初建议。而当时伯特·波斯（Bert Bos）正
在设计一个名为 Argo 的浏览器，于是他们决定一起设计 CSS。其实当时在互联网界已经有过一些统一
样式表语言的建议了，但 CSS 是第一个含有"层叠"意义的样式表语言......</p>
    <p class="p2">1994 年哈坤·利提出了 CSS 的最初建议。而当时伯特·波斯（Bert Bos）正
在设计一个名为 Argo 的浏览器，于是他们决定一起设计 CSS。其实当时在互联网界已经有过一些统一
样式表语言的建议了，但 CSS 是第一个含有"层叠"意义的样式表语言......</p>
    <p class="p3">1994 年哈坤·利提出了 CSS 的最初建议。而当时伯特·波斯（Bert Bos）正
在设计一个名为 Argo 的浏览器，于是他们决定一起设计 CSS。其实当时在互联网界已经有过一些统一
样式表语言的建议了，但 CSS 是第一个含有"层叠"意义的样式表语言......</p>
    <p class="p4">1994 年哈坤·利提出了 CSS 的最初建议。而当时伯特·波斯（Bert Bos）正
在设计一个名为 Argo 的浏览器，于是他们决定一起设计 CSS。其实当时在互联网界已经有过一些统一
样式表语言的建议了，但 CSS 是第一个含有"层叠"意义的样式表语言......</p>
</body>
```

上述代码的运行效果如图 3-29 所示。

综上所述，background-clip、text-overflow、background-size 这 3 个属性都是 CSS3 新增的属性，而 background-position 属性不是 CSS3 新增的属性，它用于设置背景图像的位置。

（三）参考答案：ABD

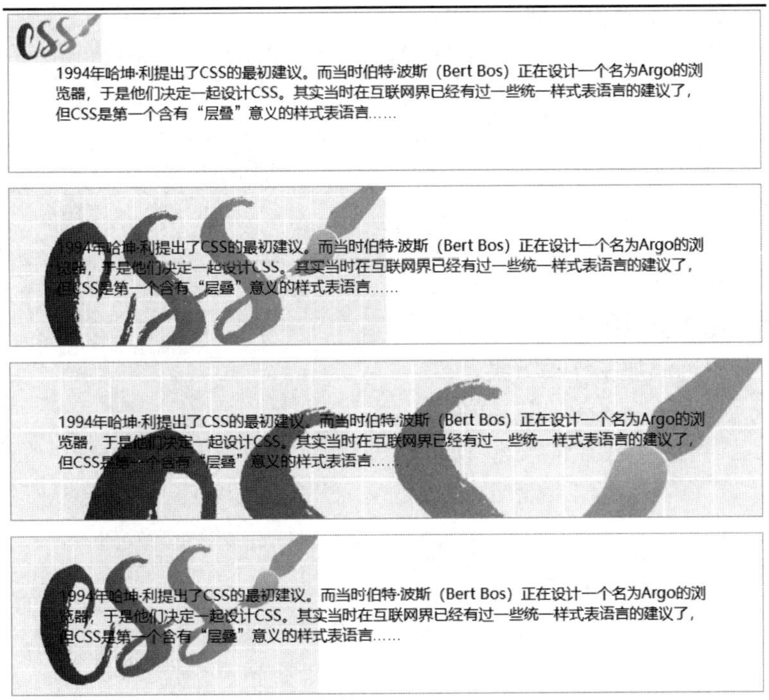

图 3-29

3.3.2 2019 年-第 3 题

说明：**2019 年多选题-第 3 题**（初级）同 **2020 年多选题-第 13 题**（初级）类似，以此题为代表进行解析。

下列关于浮动 float 属性的说法正确的是（　　　）。

A．浮动使元素脱离文档普通流，漂浮在普通流之上

B．浮动会产生块级框，而不管元素本身是什么

C．可以通过 clear 属性来清除浮动

D．不可以通过伪类清除浮动

（一）考核知识和技能

1．浮动 float 属性

2．清除浮动 clear 属性

（二）解析

1．浮动 float 属性

（1）float 属性定义元素在哪个方向上浮动，属性值为 none、left、right，浮动后元素会脱离文档流。其中 none 为默认值，没有浮动。left 为左浮动，right 为右浮动。

（2）以下代码为默认效果。

```
<style>
```

```
#div1{
    width: 100px;  height: 100px;
    background-color: pink;
}
#div2{
    width: 150px;  height: 150px;
    background-color: skyblue;
}
</style>
<div id="div1"></div>
<div id="div2"></div>
```

默认效果如图 3-30 所示。

（3）以下代码为添加左浮动效果。

```
#div1{
    float: left; /*div1 左浮动*/
}
```

左浮动效果如图 3-31 所示。

图 3-30

图 3-31

2．清除浮动 clear 属性

clear 属性规定元素的哪一侧不允许出现其他浮动元素。

（1）none：默认值。允许浮动元素出现在两侧。

（2）left：左侧不允许出现浮动元素。

（3）right：右侧不允许出现浮动元素。

（4）both：左右两侧均不允许出现浮动元素。

伪类是 W3C 制定的一套选择器的特殊状态，通过伪类可以设置元素的动态状态，如悬停（hover）、点击（active），以及文档中不能通过其他选择器选择的元素（没有 id 属性或class 属性的元素），如第一个子元素（first-child）或最后一个子元素（last-child）。

综上所述，浮动使元素脱离文档普通流，漂浮在普通流之上；浮动会产生块级框，而不管元素本身是什么；可以通过 clear 属性来清除浮动。可以使用伪类选择器选中元素，然后设置 clear 属性清除浮动。

（三）参考答案：ABC

3.3.3 2019 年-第 5 题

文字溢出显示省略号应该拥有哪些属性？（　　　）

A．overflow: hidden;　　　　　　　　　　B．white-space: nowrap;

C．text-overflow: ellipsis;　　　　　　D．width:500px;

（一）考核知识和技能

文字溢出显示省略号

（二）解析

（1）CSS overflow 属性：规定当内容溢出元素框时的处理方式。

overflow:hidden 设置内容会被修剪，并且其余内容是不可见的。

（2）CSS white-space 属性：规定段落中的文本不进行换行。

white-space:nowrap 设置文本不进行换行，文本会在同一行上继续显示，直到遇到
标签为止。

（3）CSS3 text-overflow 属性：规定当文本溢出包含文本的元素时的处理方式。

text-overflow:ellipsis 设置显示省略号来代表被修剪的文本。

（4）CSS width 属性：设置元素的宽度。

```
<style>
    p{
        width: 200px;
        border: 1px solid #000000;
        white-space: nowrap;
        overflow: hidden;
    }
    /* 显示省略号来代表被修剪的文本 */
    .p1{text-overflow: ellipsis;}
    /* 修剪文本 */
    .p2{text-overflow: clip;}
</style>
<body>
    <p class="p1">这是一些文本，这是一些文本</p>
    <p class="p2">这是一些文本，这是一些文本</p>
</body>
```

页面运行效果如图 3-32 所示。

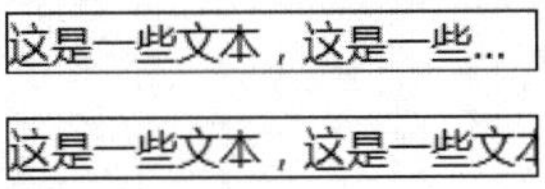

这是一些文本，这是一些...

这是一些文本，这是一些文z

图 3-32

综上所述，4 个选项的属性综合应用，才能保证文字溢出显示省略号。

（三）参考答案：ABCD

3.3.4　2019 年-第 12 题

下列关于 HTML5 标签的默认值描述正确的是（　　　）。

A．<li>标签的默认值是 display:list-item

B．<button>、<textarea>、<input>、<select>标签的默认值是 display:inline-block

C．<hr>标签的默认值是 border:1px inset

D．所有的标签都有结束标签

（一）考核知识和技能

1．列表项标签的默认属性值

2．表单标签的默认属性值

3．<hr>标签的默认属性值

4．单标签/双标签

（二）解析

1．列表项标签的默认属性值

列表项标签<li>的 display 属性的默认值为 list-item。

2．表单标签的默认属性值

（1）<button>按钮的 display 属性的默认值为 inline-block。

（2）<textarea>文本输入域的 display 属性的默认值为 inline-block。

（3）<input>输入框的 display 属性的默认值为 inline-block。

（4）<select>下拉列表的 display 属性的默认值为 inline-block。

3．<hr>标签的默认属性值

<hr>标签的 border 属性的默认值为 1px inset。

4．单标签/双标签

（1）单标签是由一个标签组成的，如
、<hr>、<img>、<input>、<param>、<meta>、<link>标签。

（2）双标签是由开始标签和结束标签两部分构成的，如<html></html>、<head></head>、<title></title>、<body></body>、<table></table>、<tr></tr>、<td></td>、<span></span>、<p></p>标签等。

综上所述，<li>标签的默认值是 display:list-item；<button>、<textarea>、<input>、<select>标签的默认值是 display:inline-block；<hr>标签的默认值是 border:1px inset。单标签没有结束标签。

（三）参考答案：ABC

3.3.5　2019 年-第 14 题

说明：**2019 年多选题-第 14 题（初级）同 2020 年多选题-第 7 题（初级）类似，以此题为代表进行解析。**

下列关于 padding 值的描述正确的是（　　）。

A．当 padding 有 1 个值时，指的是 4 个方向

B．当 padding 有 2 个值时，指的是上下、左右方向

C．当 padding 有 3 个值时，指的是上、左右、下方向

D．当 padding 有 4 个值时，指的是上、下、左、右方向

（一）考核知识和技能

1．CSS 盒模型

2．设置内外边距

（二）解析

1．CSS 盒模型

盒模型包含元素内容（content）、内边距（padding）、边框（border）、外边距（margin）几个要素，结构如图 3-33 所示。

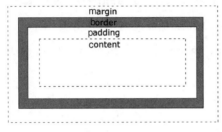

图 3-33

2．设置内外边距

（1）单独设置内外边距。

可以通过对应的边距单词加上方向单独设置某个方向的内外边距，如 margin-top、margin-right、margin-bottom、margin-left。

（2）直接设置内外边距。

直接设置内外边距的语法格式为 margin:top right bottom left;。

当设置 1 个参数时，同时作用于上、右、下、左方向：margin:10px;（从上方开始，顺时针进行设置）。

当设置 2 个参数时，分别作用于上下、左右方向：margin:10px 20px;。

当设置 3 个参数时，分别作用于上、左右、下方向：margin:10px 20px 30px;。

当设置 4 个参数时，分别作用于上、右、下、左方向：margin:10px 20px 30px 40px;。

综上所述，当 padding 有 1 个值时，指的是 4 个方向；当 padding 有 2 个值时，指的是上下、左右方向；当 padding 有 3 个值时，指的是上、左右、下方向；当 padding 有 4 个值时，指的是上、右、下、左方向。

（三）参考答案：ABC

3.3.6 2019 年-第 15 题

在 CSS 中，text-decoration 属性的属性值有哪些？（　　　）

A．none　　　　　B．underline　　　　C．overline　　　　D．line-through

（一）考核知识和技能

text-decoration 属性

（二）解析

text-decoration 属性用于设置文本修饰，常用的属性值有以下 4 个。

（1）none：无效果，默认值。

（2）underline：设置下画线。

（3）overline：设置上画线。

（4）line-through：设置中间线。

```
<p style="text-decoration: none;">无效果</p>
<p style="text-decoration: underline;">下画线</p>
<p style="text-decoration: overline;">上画线</p>
<p style="text-decoration: line-through;">中间线</p>
```

文本修饰的显示效果如图 3-34 所示。

综上所述，题中的 none、underline、overline、line-through 均为 text-decoration 属性的属性值。

（三）参考答案：ABCD

3.3.7　2020 年-第 5 题

图 3-34

以下属于 CSS3 新增属性的是（　　）。

A．color
B．background-size
C．background-position
D．font-family

（一）考核知识和技能

1．CSS 属性

2．CSS3 新增属性

（二）解析

1．CSS 属性

（1）color 属性：规定文本的颜色。

（2）background-position 属性：设置背景图像的起始位置。

（3）font-family 属性：规定元素的字体系列，使用逗号分隔每个值。

2．CSS3 新增属性

background-size 属性：规定背景图像的尺寸。

background-size 属性的语法格式为 background-size: length|percentage|cover|contain;。

其中，length 属性值用于设置背景图像的高度和宽度，如 background-size:80px 60px;。

```
<head>
  <style type="text/css">
    body{
      background:url(img/bg_flower.gif);
      background-size:40px 60px;
      background-repeat:no-repeat;
```

```
        padding-top: 100px;
    }
  </style>
</head>
<body>
  <p>上面是缩小的背景图像。</p>
  <hr />
  <p>原始图像: <img src="img/bg_flower.gif" alt="Flowers"></p>
</body>
```

页面运行效果如图 3-35 所示。

图 3-35

综上所述，B 选项的 background-size 是 CSS3 新增属性。

（三）参考答案：B

3.3.8　2020 年-第 6 题

下列不属于块级元素的是（　　）。

A. span　　　　　　B. p　　　　　　　C. div　　　　　　D. a

（一）考核知识和技能

1．HTML 元素分类

2．display 属性设置元素类型

3．区块之间的区别

（二）解析

1．HTML 元素分类

HTML 元素按照区块分为块级元素、行内元素、行内块元素 3 类，常见的对应类别的元素如下。

（1）块级元素：div、p、h1 等。

（2）行内元素：a、span 等。

（3）行内块元素：input、img 等。

2．display 属性设置元素类型

任何元素都可以使用 display 属性改变其区块属性。

（1）display:block：将元素设置为块级元素。

（2）display:inline：将元素设置为行内元素。

（3）display: inline-block：将元素设置为行内块元素。

（4）display:none：设置元素隐藏。

3．区块之间的区别

区块之间的区别如表 3-21 所示。

表 3-21

分类	是否换行	是否能设置宽高	是否能设置内外边距	宽度
块级元素	是	是	均能设置	默认独占一行
行内元素	否	否	左右能设置，上下不能设置	由内容决定
行内块元素	否	是	均能设置	由内容决定

注意：行内元素设置上下内外边距时，在视觉显示上会有效果，但在页面空间中不占位置。

```
<style type="text/css">
    span{padding-bottom: 200px;border: 1px solid black;}
</style>
<body>
    <span>HelloWorld</span>
    <p>我是 p 标签</p>
</body>
```

行内元素的显示效果如图 3-36 所示。

综上所述，span 和 a 元素是行内元素，p 和 div 元素是块级元素。

（三）参考答案：AD

3.3.9 2020 年-第 12 题

以下 CSS 属性使用错误的是（　　　）。

A．color:red

B．color:#245123

C．color:#234kew

D．color:#red

（一）考核知识和技能

1．CSS 颜色表示方法

2．color 属性

图 3-36

（二）解析

1．CSS 颜色表示方法

（1）颜色名：white、red 等。

（2）十六进制的颜色值：#FFFFFF。

（3）RGB 函数：rgb(r,g,b)，如 rgb(255,255,255)。

（4）HSL 函数：hsl(色调、饱和度、亮度)，如 hsl(0,100%,60%)。

2．color 属性

color 属性用于规定文本的颜色。

综上所述，color:red 和 color:#245123 是正确的文字颜色设置，color:#234kew 不是十六进制表示方法，color:#red 中的颜色名前面不需要加 "#"。

（三）参考答案：CD

3.3.10　2020 年-第 14 题

下列关于 HTML5 标签的默认值描述错误的是（　　　）。

A．在 CSS 中，所有元素的 display 属性默认值均为 block

B．<button>、<textarea>、<input>、<select>标签的默认值是 display:inline-block

C．<hr>标签的默认值是 border:1px inset

D．所有的标签都有结束标签

（一）考核知识和技能

1．display 属性默认值

2．<button>、<textarea>、<input>、<select>标签的默认值

3．<hr>标签的默认值

（二）解析

<button>、<textarea>、<input>、<select>标签的默认值是 display:inline-block。<hr>标签的默认值是 border:1px inset。单标签没有结束标签。

（三）参考答案：AD

3.3.11　2020 年-第 15 题

在 CSS 中，text-decoration 属性的属性值有哪些？（　　　）

A．none　　　　　B．underline　　　　C．double-overline　D．hidden

（一）考核知识和技能

CSS 文本属性

（二）解析

text-decoration 属性用于设置文本修饰，常用的属性值有以下 4 个。

（1）none：无效果，默认值。

（2）underline：设置下画线。

（3）overline：设置上画线。

（4）line-through：设置中间线。

综上所述，none、underline 为 text-decoration 属性的属性值，double-overline、hidden 不是 text-decoration 属性的属性值。

（三）参考答案：AB

3.3.12　2021 年-第 4 题

能够选中下列<div>标签的 CSS 选择器有（　　　）。

```
<div class="test"></div>
```

A．标签选择器　　　　　　　　　B．类选择器

C．id 选择器　　　　　　　　　　D．属性选择器

（一）考核知识和技能

CSS 选择器

（二）解析

（1）元素选择器。

元素选择器是比较简单的选择器，选择器通常是某个 HTML 元素，如 p、h1、em、a，甚至可以是 HTML 本身。其语法格式如下。

```
E {property1:value1; property2:value2; property3:value3; …}
```

（2）通配符选择器。

通配符选择器（Universal Selector）也是一种简单的选择器，用 "*" 表示，一般称之为通配符，表示对任意元素都有效。其语法格式如下。

```
* {property1:value1; property2:value2; property3:value3; …}
```

（3）属性选择器。

属性选择器用于对带有指定属性的 HTML 元素设置样式。其语法格式如下。

```
E[attribute] {property1:value1; property2:value2; property3:value3; …}
```

将属性用中括号括起来是为了表示这是一个属性选择器。属性选择器的语法格式共有 4 种，如表 3-22 所示。

表 3-22

语法格式	含义
E[attribute]	用于选取带有指定属性的元素
E[attribute=value]	用于选取带有指定属性和指定值的元素
E[attribute~=value]	用于选取属性值中包含指定值的元素，该值必须是整个单词，可以前后有空格
E[attribute|=value]	用于选取带有以指定值开头的属性值的元素，该值必须是整个单词或者后面跟着连字符 "-"

（4）派生选择器/上下文选择器。

派生选择器依据元素在其位置的上下文关系定义样式，在 CSS 1.0 版本中，这种选择器被称为上下文选择器，在 CSS 2.0 版本中，其改名为派生选择器。派生选择器大致可以分成 3 种：后代选择器、子元素选择器、相邻兄弟选择器。

- 后代选择器。

后代选择器（Descendant Selector）可以选择某元素后代的元素，后代选择器中两个元素的间隔可以是无限的。其语法格式如下。

```
父元素 子元素 {property1:value1; property2:value2; property3:value3; …}
```

- 子元素选择器。

子元素选择器（Child Selectors）只能选择作为某元素子元素的元素。它与后代选择器最大的不同就是元素间隔不同，后代选择器将该元素作为父元素，它所有的后代元素都是符合条件的，而子元素选择器只有相对于父元素来说的第一级子元素符合条件。其语法格式如下。

```
父元素 > 子元素 {property1:value1; property2:value2; property3:value3; …}
```

- 相邻兄弟选择器。

相邻兄弟选择器（Adjacent Sibling Selector）可以选择相邻在某元素后的元素，且二者有相同的父元素。与后代选择器和子元素选择器不同的是，相邻兄弟选择器针对的元素是同级元素，且两个元素是相邻的，拥有相同的父元素。其语法格式如下。

```
父元素 + 子元素 {property1:value1; property2:value2; property3:value3; …}
```

（5）id 选择器。

id 选择器可以为标有特定 id 值的 HTML 元素指定样式。其语法格式如下。

```
E#idValue {property1:value1; property2:value2; property3:value3; …}
```

在一个 HTML 文档中，id 值是唯一的。id 值通常是以字母开头的，中间可以出现数字、"-"和"_"等。id 值不能以数字开头，且不能出现空格。

（6）类选择器。

类选择器可以为标有特定 class 属性值的 HTML 元素指定样式。其语法格式如下。

```
E.classValue {property1:value1; property2:value2; property3:value3; …}
```

元素 E 可以省略，省略后表示在所有的元素中筛选，有相同的 class 属性值将会被选择。如果指定某类型元素的相同 class 属性值，那么需要指定 E 的元素名称，如.important 和 p.important。

class 属性值不具有唯一性，通常是以字母开头的，值不能出现空格。

（7）伪类选择器。

在选择元素时，CSS 除了可以根据元素名、id 值、class 属性值、属性选择元素外，还可以根据元素的特殊状态选择元素，即伪类选择器和伪元素选择器。

伪类是指那些处在特殊状态的元素。伪类名可以单独使用，泛指所有元素，也可以和元素名称连起来使用，特指某类元素。伪类以冒号（:）开头，元素选择符和冒号之间不能有空格，伪类名中间也不能有空格。CSS 中常用的伪类选择器如表 3-23 所示。

表 3-23

选择器	例子	例子描述
:active	a:active	匹配被单击的链接
:checked	input:checked	匹配处于选中状态的 input 元素
:disabled	input:disabled	匹配每个被禁用的 input 元素
:empty	p:empty	匹配任何没有子元素的 p 元素
:enabled	input:enabled	匹配每个已启用的 input 元素
:first-child	p:first-child	匹配父元素中的第一个子元素 p，p 必须是父元素中的第一个子元素
:first-of-type	p:first-of-type	匹配父元素中的第一个 p 元素
:focus	input:focus	匹配获得焦点的 input 元素

（8）伪元素选择器。

伪元素是指那些元素中特别的内容。与伪类不同的是，伪元素表示的是元素内部的东西，逻辑上存在，但在文档树中并不存在与之对应关联的部分。伪元素选择器的语法格式与伪类选择器的语法格式一致。CSS 中常用的伪元素选择器如表 3-24 所示。

表 3-24

伪元素名	含义
:first-letter	对文本的第一个字母添加样式
:first-line	对文本的第一行添加样式
:after	在元素之后添加内容
:before	在元素之前添加内容

综上所述，以上 8 类选择器中，能选中<div class="test"></div>的 CSS 选择器有：标签选择器（标签 div）、属性选择器（属性 class）、类选择器（类 test）3 种。

```
<!DOCTYPE html>
<html>
    <head>
        <style type="text/css">
            div {
                width: 100px;
                height: 100px;
                background-color: #ff0000;
            }
            /* 标签选择器 */
            div[class] {
                border: 5px solid #0000ff;
            }
            /* 属性选择器 */
            .test {
                color: #FFFFFF;
                font-size: larger;
            }
            /* 类选择器 */
```

```
        </style>
    </head>
    <body>
        <div class="test">选择器</div>
    </body>
</html>
```

以上代码的运行效果如图 3-37 所示。

（三）参考答案：ABD

3.3.13　2021 年-第 5 题

下列 CSS 代码使用正确的有（　　）。

A．width:10px;　　　　　　B．height:20px;

C．color:423erf;　　　　　D．width:half;

图 3-37

（一）考核知识和技能

1．CSS 尺寸属性

2．CSS 文本属性

3．相对长度单位

（二）解析

1．CSS 尺寸属性

CSS 尺寸属性可以设置每个元素的大小，包括宽度、最小宽度、最大宽度、高度、最小高度、最大高度。CSS 尺寸属性如表 3-25 所示。

表 3-25

属性	含义	属性值
width	设置元素的宽度	auto/长度/百分比/inherit
min-width	设置元素的最小宽度	长度/百分比/inherit
max-width	设置元素的最大宽度	长度/百分比/inherit
height	设置元素的高度	auto/长度/百分比/inherit
min-height	设置元素的最小高度	长度/百分比/inherit
max-height	设置元素的最大高度	长度/百分比/inherit

2．CSS 文本属性

CSS 文本属性用于设置 HTML 网页中文本的颜色、对齐方式、首行缩进方式等显示效果。CSS 中常用的文本属性如表 3-26 所示。

表 3-26

属性	含义	属性值
color	定义文本的颜色	颜色名/十六进制数/RGB 函数/transparent/inherit
direction	定义文本方向或者书写方向	ltr/rtl/inherit

续表

属性	含义	属性值
letter-spacing	定义字符的间距	normal/长度/inherit
line-height	定义文本的行高	normal/number/长度/百分比/inherit
text-align	定义文本的水平对齐方式	left/right/center/inherit
text-decoration	为文本添加装饰效果	none/underline/overline/line-through/blink/inherit
text-indent	定义文本的首行缩进方式	长度/百分比/inherit
text-shadow	为文本添加阴影效果	x-position/y-position/blur/color
text-transform	切换文本的大小写	none/capitalize/uppercase/lowercase/inherit
white-space	设置如何处理元素内的空白	normal/pre/nowrap/inherit
word-spacing	定义单词之间的距离	normal/长度/inherit

3．相对长度单位

相对长度单位指定一个长度相对于另一个元素长度的单位。相对长度单位在不同渲染介质之间缩放表现得更好。常用的相对长度单位如表 3-27 所示。

表 3-27

单位	描述
em	相对于元素的字号（font-size）（2em 表示为当前字号的 2 倍）
ex	相对于当前字体的 x-height（极少使用）
ch	相对于"0"（零）的宽度
rem	相对于根元素的字号（font-size）
vw	相对于视口*宽度的 1%
vh	相对于视口*高度的 1%
vmin	相对于视口*较小尺寸的 1%
vmax	相对于视口*较大尺寸的 1%
%	相对于父元素

综上所述，width 和 height 的属性值为 auto、长度、百分比、inherit 这 4 种，其中 width:10px; 和 height:20px;中的 px 是绝对长度单位，相对长度单位里没有 half 这个值。color 的属性值为颜色名、十六进制数、RGB 函数、transparent、inherit 这 5 种，十六进制颜色格式为 #RRGGBB，其中的 RR（红色）、GG（绿色）、BB（蓝色）十六进制整数规定了颜色的成分，最大值为 ff，最小值为 00。

（三）参考答案：AB

3.3.14　2021 年-第 7 题

下列关于 CSS 中 padding 值的描述正确的是（　　）。

A．当 padding 有 1 个值时，指的上方向

B．当 padding 有 2 个值时，指的是左右、上下方向

C．当 padding 有 3 个值时，指的是上、左右、下方向

D．当 padding 有 4 个值时，指的是上、右、下、左方向

（一）考核知识和技能

1．CSS 内边距属性

2．CSS 值复制

（二）解析

1．CSS 内边距属性

元素的内边距在边框和内容之间。CSS 内边距常用的属性如表 3-28 所示。

表 3-28

属性	含义	属性值
padding-top	定义元素的上内边距	长度/百分比/inherit
padding-right	定义元素的右内边距	
padding-bottom	定义元素的下内边距	
padding-left	定义元素的左内边距	
padding	用一个声明定义所有内边距属性	auto/长度/百分比/inherit

padding 属性按照上右下左的顺序定义，也可以省略方式定义，通过 padding-top、padding-bottom、padding-left、padding-right 属性精准控制内边距。其属性值可以是 auto（自动）、长度（不允许使用负数）、百分比（相对于父元素宽度的比例）、inherit。

2．CSS 值复制

CSS 通过 padding 设置内边距时，属性值的设置有以下 4 种写法。

（1）当 padding 有 1 个值时，指的是 4 个方向。

（2）当 padding 有 2 个值时，指的是上下、左右方向。

（3）当 padding 有 3 个值时，指的是上、左右、下方向。

（4）当 padding 有 4 个值时，指的是上、右、下、左方向。

综上所述，设置内边距 padding 属性时可以给定 1～4 个值，分别代表不同的含义。

（三）参考答案：CD

3.3.15　2021 年-第 8 题

以下 CSS 属性值表示黑色的有（　　）。

A．color: black;　　　B．color: #000;　　　C．color: #000000;　　D．color: #black;

（一）考核知识和技能

颜色取值

（二）解析

颜色取值有以下 3 种方法。

（1）颜色名。CSS 颜色规范中定义了 147 种颜色名，其中有 17 种标准颜色和 130 种其他颜色。常用的 17 种标准颜色包括 aqua（水绿色）、black（黑色）、blue（蓝色）、fuchsia（紫红）、gray（灰色）、green（绿色）、lime（石灰）、maroon（褐红色）、navy（海军蓝）、olive（橄榄色）、orange（橙色）、purple（紫色）、red（红色）、silver（银色）、teal（青色）、

white（白色）、yellow（黄色）。

（2）十六进制颜色。每一种颜色都可以被解释为十六进制颜色，十六进制颜色写为 #RRGGBB，其中的 RR（红色）、GG（绿色）、BB（蓝色）十六进制整数规定了颜色的成分，最大值为 ff，最小值为 00。红、绿、蓝被称为计算机三原色光，通过三原色光可以混合出所有的颜色。有时#RRGGBB 会简写成#RGB，此时，最大值为 f，最小值为 0。例如，#ff0000（红色，同 red）、#808080（灰色，同 gray）、#0f0（绿色，同 green）。

（3）RGB 函数。RGB 函数是这样规定的：rgb(red, green, blue)，其中，red、green、blue 定义了颜色的强度，值可以是 0～255，也可以是 0～100%。例如，rgb(255,0,0)（红色，同 #ff0000、red）、rgb(0,100%,0)（绿色，同#00ff00、green）。

综上所述，颜色取值有颜色名、十六进制颜色、RGB 函数 3 种方法，其中 color: black;、color: #000;、color: #000000;、color: rgb(0, 0, 0);、color: rgb(0%, 0%, 0%);都可以将颜色设置为黑色。

（三）参考答案：ABC

3.3.16　2021 年-第 11 题

下列关于 CSS 中浮动 float 的说法错误的是（　　　）。

A．永远只能向右浮动

B．浮动会产生块级框，而不管元素本身是什么

C．永远只能向左浮动

D．不可以通过伪类清除浮动

（一）考核知识和技能

1．布局属性

2．CSS 浮动属性

3．float 属性

4．清除浮动

（二）解析

1．布局属性

布局属性指的是文档中元素排列显示的规则。

HTML 提供了以下 3 种布局属性。

（1）普通文档流：文档中的元素按照默认的显示规则排版布局，即从上到下，从左到右；块级元素独占一行，行内元素则按照顺序被水平渲染，直到在当前行遇到了边界，然后换到下一行的起点继续渲染；元素内容之间不能重叠显示。

（2）浮动：设定元素以向某一个方向倾斜浮动的方式排列元素；从上到下，按照指定方向见缝插针；元素内容之间不能重叠显示。

（3）定位：直接定位元素在文档或者父元素中的位置，表现为漂浮在指定元素上方，脱离了文档流；元素可以重叠在一块区域内，按照显示的级别以覆盖的方式显示。

2．CSS 浮动属性

浮动可以使元素脱离普通文档流，CSS 定义浮动可以使块级元素向左或者向右浮动，

直到遇到边框、内边距、外边距或另一个块级元素的位置。浮动的常用属性如表 3-29 所示。

表 3-29

属性	含义	属性值
float	设置是否需要浮动及浮动方向	left/right/none/inherit
clear	设置元素的哪一侧不允许出现其他浮动元素	left/right/both/none/inherit
clip	裁剪绝对定位元素	rect()/auto/inherit
overflow	设置内容溢出元素框时的处理方式	visible/hidden/scroll/auto/inherit
display	设置元素如何显示	none/block/inline/inline-block /inherit
visibility	定义元素是否可见	visible/hidden/collapse/inherit

3. float 属性

float 属性控制元素是否浮动，以及如何浮动。当某元素通过 float 属性设置浮动后，不论该元素是行内元素还是块级元素，都会被当作块级元素处理产生块级框（相当于设置了 display:block），属性值为 left 或 right，表示向左或向右浮动，默认值为 none 不浮动。

4. 清除浮动

（1）clear 属性用于设置元素的哪一侧不允许出现其他浮动元素。

none：不清除浮动（默认值）。

left：不允许左侧出现浮动元素。

right：不允许右侧出现浮动元素。

both：不允许两侧出现浮动元素。

（2）利用伪类实现清除浮动。

```
.clearfix:after {
  content:"";
  clear: both;
  display: block;
}
```

综上所述，设置 float 属性可以向左或向右浮动，默认值为 none 不浮动；当某元素通过 float 属性设置浮动后会产生块级框，而不管元素本身是什么；可以用 clear 属性清除浮动，也可以用伪类清除浮动。

（三）参考答案：ACD

3.3.17　2021 年-第 12 题

下列关于 HTML5 标签的默认值描述正确的是（　　　）。

A．<table>标签的默认值为 display:table;

B．<head>标签的默认值为 display:block;

C．<div>标签的默认值为 display:block;

D．<body>标签的默认值为 display:none;

（一）考核知识和技能

CSS 默认值

（二）解析

HTML 元素的 CSS 默认值如表 3-30 所示。

表 3-30

元素	CSS 默认值
body	display: block;　margin: 8px;
div	display: block;
head	display: none;
table	display: table;　border-collapse: separate;　border-spacing: 2px;　border-color: gray;

综上所述，<table>标签的默认值为 display: table;，<div>标签的默认值为 display:block;。

（三）参考答案：AC

3.3.18　2021 年-第 15 题

下列 CSS 属性值中属于 width 属性值的是（　　　）。

A．auto　　　　　　　B．10px　　　　　　　C．50%　　　　　　　D．inherit

（一）考核知识和技能

1．CSS 尺寸属性

2．绝对长度单位

3．width 属性值

（二）解析

1．CSS 尺寸属性

CSS 尺寸属性可以设置每个元素的大小，包括宽度、最小宽度、最大宽度、高度、最小高度、最大高度。CSS 尺寸属性如表 3-31 所示。

表 3-31

属性	含义	属性值
width	设置元素的宽度	auto/长度/百分比/inherit
min-width	设置元素的最小宽度	长度/百分比/inherit
max-width	设置元素的最大宽度	长度/百分比/inherit
height	设置元素的高度	auto/长度/百分比/inherit
min-height	设置元素的最小高度	长度/百分比/inherit
max-height	设置元素的最大高度	长度/百分比/inherit

2．绝对长度单位

绝对长度单位是固定的，用任意一个绝对长度单位表示的长度都将恰好显示为这个尺寸。绝对长度单位如表 3-32 所示。

表 3-32

单位	描述
cm	厘米
mm	毫米
in	英寸（1in = 96px = 2.54cm）
px	像素（1px = 1/96th of 1in）
pt	点（1pt = 1/72 of 1in）
pc	派卡（1pc = 12 pt）

3．width 属性值

width 属性值如表 3-33 所示。

表 3-33

值	描述
auto	默认值，浏览器可计算出实际的宽度
length	使用 px、cm 等单位定义宽度
%	定义基于包含块（父元素）宽度的百分比宽度
inherit	规定从父元素继承 width 属性的值

综上所述，CSS 中 width 属性取值有 4 种：auto、length（长度单位）、%、inherit。

（三）参考答案：ABCD

3.4 判断题

说明：**2019 年判断题-第 2 题（初级）**同 **2020 年判断题-第 2 题（初级）**类似，以此题为代表进行解析。

3.4.1 2019 年-第 2 题

CSS 选择器的优先级是!important>标签选择器>id>class。（   ）

（一）考核知识和技能

1．CSS 选择器优先级

2．!important 例外规则

（二）解析

1．CSS 选择器优先级

CSS 选择器优先级的具体排序从高到低顺序如下。

（1）id 选择器（#myid）。

（2）class 选择器（.myclassname）。

（3）标签选择器（div，h1，p）。

2．!important 例外规则

（1）当在一条样式声明中使用一个!important 规则时，此声明将覆盖任何其他声明。

（2）当两条相互冲突的带有!important 规则的声明被应用到相同的元素上时，拥有更高优先级的声明将会被采用。

综上所述，优先级顺序为!important>>id>class>标签选择器。

（三）参考答案：错

3.4.2 2019 年-第 3 题

如果想为元素设置相对定位，需要设置 position:absolute。（　　　）

（一）考核知识和技能

定位 position 属性

（二）解析

定位 position 属性具有以下 4 个属性值。

（1）static：静态定位。默认值，遵循文档流。

（2）relative：相对定位。参照原本的位置偏移。

（3）absolute：绝对定位。参照最近的已定位的祖先元素偏移。

（4）fixed：固定定位。参照窗口偏移。

定位 position 属性值及其特性如表 3-34 所示。

表 3-34

属性值	是否可偏移	偏移参照	是否脱离文档流	特殊情况
static	否	/	否	
relative	是	原本的位置	否	
absolute	是	最近的已定位的祖先元素	是	如无已定位的祖先元素，则参照 body 元素偏移
fixed	是	窗口	是	

定位 position 属性的示例代码如下。

```
<div id="fixed_box">固定定位参照窗口偏移</div>
<p class="static_box">静态定位遵循文档流</p>
<div class="relative_box">
    <p>这是一个相对定位的盒子，参照原本的位置偏移</p>
    <p class="absolute_box">绝对定位参照最近的已定位的祖先元素进行偏移</p>
</div>
<style>
 /*省略部分样式代码*/
 body {
    /*为了显示出固定定位效果*/
    height: 2480px;
 }
 #fixed_box {
```

```
    position: fixed;
    right: 0px;
}
.static_box {
    width: 300px;
}
.relative_box {
    position: relative;
    top: 200px;
}
.absolute_box {
    position: absolute;
    left: 200px;
    top: 100px;
}
</style>
```

定位 position 属性的显示效果如图 3-38 所示。

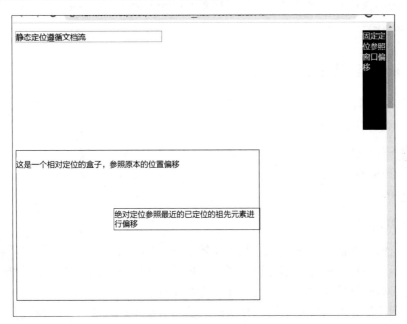

图 3-38

综上所述，设置元素的相对定位应该设置 position:relative。

（三）参考答案：错

3.4.3　2020 年-第 4 题

如果想为元素设置绝对定位，需要设置 position:fixed。（　　　）

（一）考核知识和技能

定位 position 属性

（二）解析

定位 position 属性具有以下 4 个属性值。

（1）static：静态定位。默认值，遵循文档流。

（2）relative：相对定位。参照原本的位置偏移。

（3）absolute：绝对定位。参照最近的已定位的祖先元素偏移。

（4）fixed：固定定位。参照窗口偏移。

定位 position 属性值及其特性如表 3-35 所示。

表 3-35

属性值	是否可偏移	偏移参照	是否脱离文档流	特殊情况
static	否	/	否	
relative	是	原本的位置	否	
absolute	是	最近的已定位的祖先元素	是	如无已定位的祖先元素，则参照 body 元素偏移
fixed	是	窗口	是	

综上所述，设置元素的绝对定位应该设置 position:absolute。

（三）参考答案：错

3.4.4　2021 年-第 1 题

相同的样式在不同的浏览器中效果可能会不同。（　　）

（一）考核知识和技能

1．浏览器内核

2．主流浏览器的内核

（二）解析

1．浏览器内核

浏览器内核（Rendering Engine）指浏览器最核心的部分，负责对网页编写语法的解释并渲染（显示）网页。通常所谓的浏览器内核也就是浏览器所采用的渲染引擎，渲染引擎决定了浏览器如何显示网页的内容以及页面的格式信息。

由于不同的浏览器内核对网页编写语法的解释有所不同，所以同一网页在不同内核的浏览器里的渲染（显示）效果也可能不同，这也是网页编写者需要在不同内核的浏览器中测试网页显示效果的原因。

2．主流浏览器的内核

现存主流浏览器的内核情况如表 3-36 所示。

表 3-36

浏览器名称	内核
IE	Trident（IE 内核）
Opera	Presto，2013 年换成 Blink（Chromium）

浏览器名称	内核
Safari	Webkit
Firefox	Gecko
Google Chrome	之前是 Webkit，2013 年换成 Blink
Microsoft Edge	EdgeHTML，2018 年 12 月宣布换成 Blink

综上所述，由于不同的浏览器内核对网页编写语法的解释有所不同，所以同一网页的样式在不同内核的浏览器里的渲染（显示）效果可能不同。

（三）参考答案：对

3.4.5　2021 年-第 2 题

在编写 CSS 代码的过程中不能使用注释。（　　）

（一）考核知识和技能

CSS 注释

（二）解析

CSS 注释用于为代码添加额外的解释，或者阻止浏览器解析特定区域内的 CSS 代码。注释对文档布局没有影响，浏览器会忽略注释，不显示注释。

CSS 注释可以写在样式表中任意允许空格的位置。注释可以写成一行，也可以写成多行，以/*开始，以*/结束。

```
p{
    color:#ff0000;  /* 字体颜色设置 */
    height:20px;   /* 段落高度设置 */
}
```

（三）参考答案：错

3.4.6　2021 年-第 3 题

当两个相同的 CSS 属性出现时，会让该样式报错。（　　）

（一）考核知识和技能

1．样式表优先级

2．CSS 特异性

3．特异性规则

（二）解析

1．样式表优先级

CSS 的特性是"层叠"，也就是说，一个 HTML 文档可能使用多种 CSS 样式表。细化到某元素来说，该元素会层叠多层样式表，但样式生效总有一个顺序，即样式生效的优先级。

内联样式>内部样式>外部样式>浏览器默认效果

当某元素层叠的样式表较多时，我们通常会对样式表进行权重值排序，计算方式为：权重初始值为 0，一个行内样式加 1000，一个 id 选择器加 100，一个属性选择器、class 选择器或伪类选择器加 10，一个元素名或伪元素选择器加 1。具体内容如表 3-37 所示。

表 3-37

类型	权重值	含义	示例
行内样式	1000	行内（内联）样式直接附加到要设置样式的元素	<h1 style="color: #ffffff;">
id 选择器	100	id 是页面元素的唯一标识符	#navbar
class、属性或伪类选择器	10	此类别包括 .classes、[attributes]或伪类选择器	:hover、:focus
元素名或伪元素选择器	1	此类别包括元素名或伪元素选择器	h1、div、:before 和:after

2．CSS 特异性

如果有两条或两条以上指向同一元素的冲突 CSS 规则，那么浏览器将遵循一些原则来确定最终将哪些样式声明应用于元素。

3．特异性规则

（1）在特异性相同的情况下最新的规则很重要，如果将同一规则两次写入外部样式表，那么样式表中后面的规则将更靠近要设置样式的元素，因此该规则会被应用。

（2）id 选择器比属性选择器拥有更高的特异性。

（3）上下文选择器比单一元素选择器更具体，嵌入式样式表更靠近要设置样式的元素，如.list h1 比 h1 特异性高。

（4）class 选择器比任意数量的元素选择器特异性高，如 class 选择器.intro 比 h1、p、div 等特异性高。

综上所述，当有不同的选择器对同一个对象进行样式指定，并且两个选择器具有相同的属性被赋予不同的值时，通过计算哪个选择器的权重值最高，哪个选择器的样式应用于某元素。如果两个选择器的权重值一样高，则应用距离该元素最近的 CSS 样式。

（三）参考答案：错

3.4.7　2021 年-第 4 题

如果不使用 CSS 样式表就无法在 HTML 页面中设置文字颜色。（　　　）

（一）考核知识和技能

1．CSS 样式表设置文字颜色

2．<font>标签设置文字颜色

（二）解析

1．CSS 样式表设置文字颜色

（1）使用内部样式设置文字颜色。

```
<!DOCTYPE html>
```

```
<html>
    <head>
        <meta charset="UTF-8">
        <title></title>
        <style>
            div{
                color: #0000ff;
                width: 200px;
                height: 200px;
            }
        </style>
    </head>
    <body>
        <div >设置文字为蓝色</div>
    </body>
</html>
```

（2）使用内联样式（也称行内样式）设置文字颜色。

```
<div style="color: red; width: 200px; height: 200px;">设置文字颜色为红色</div>
```

2．<font>标签设置文字颜色

<font>标签规定文本的字体、字号、字体颜色，所有主流浏览器都支持<font>标签，但HTML5 不再支持<font>标签，用 CSS 样式表代替。

```
<div><font color="green" size="6">设置文字为绿色</font></div>
```

综上所述，HTML 页面中 CSS 样式表、<font>标签都可以设置文字颜色。

（三）参考答案：错

第4章
JavaScript

4.1 考点分析

理论卷中的 JavaScript 相关试题的考核知识和技能如表 4-1 所示，2019 年至 2021 年三次考试中的 JavaScript 相关试题的平均分值约为 26 分。

表 4-1

真题	题型			总分值	考核知识和技能
	单选题	多选题	判断题		
2019 年理论卷	12	4	2	36	引入、语句、变量、数据类型、运算符、流程控制、数组、函数、内置对象（Date 对象）、面向对象、BOM、DOM、事件、console 对象等
2020 年理论卷	10	3	2	36	语句、变量、数据类型、运算符、流程控制、数组、函数、内置对象（Date 对象）、BOM、DOM、事件、console 对象等
2021 年理论卷	3	1	0	8	编码规范、变量、定时器、setInterval()、console.log()、alert()等

4.2 单选题

4.2.1 2019 年-第 2 题

下面代码输出什么结果？（　　　）

```
var arr = new Array(5);
arr[1] = 1;
arr[5] = 2;
console.log(arr.length);
```

A. 2 　　　　　　B. 5 　　　　　　C. 6 　　　　　　D. 报错

（一）考核知识和技能

1. console.log()方法

2. 数组

（二）解析

1．console.log()方法

（1）console 对象：JavaScript 的原生对象，用于输出各种信息到浏览器控制台。

（2）log()：console 对象的方法，接收一个或多个参数，用于在控制台输出常规信息。
console.log()方法的示例代码如下：

```
console.log('hello');
var str = "你好";
console.log(str);
```

上述代码的运行结果如图 4-1 所示。

2．数组

（1）创建数组。

可以使用 Array 构造函数创建一个数组，例如：

```
var arr = new Array();  //创建一个空数组
```

如果已知数组中元素的数量，那么在创建数组时可以给构造函数传入一个数值，例如：

```
var arr = new Array(5);  //创建一个包含 5 个元素的数组
console.log(arr);
```

上述代码的运行结果如图 4-2 所示。

图 4-1

图 4-2

（2）数组索引。

设置数组中的元素需要使用中括号并提供相应的数组索引（下标），索引值从 0 开始，如图 4-3 所示。

设置数组中元素的值，代码如下：

```
arr[0] = 1; //设置第一个元素的值
arr[1] = 2; //设置第二个元素的值
console.log(arr);
```

上述代码的运行结果如图 4-4 所示。

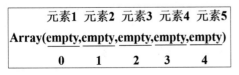

图 4-3

图 4-4

如果设置的索引值超过了数组的最大索引值，那么数组长度会自动扩展到该索引值加 1。

```
arr[5] = 2; //设置第六个元素的值（新增一个元素）
console.log(arr);
```

上述代码的运行结果如图 4-5 所示。

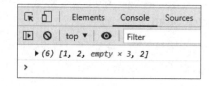

图 4-5

（3）length 属性。

数组中元素的数量保存在 length 属性中：

```
console.log(arr.length);  // 数组元素的个数为 6
```

综上所述，题中代码首先创建了一个包含 5 个空元素的数组 arr，然后设置索引为 1 的元素的值为 1，此时 arr 是[empty,1,empty,empty,empty]，再设置索引为 5 的元素的值为 2，此时 arr 是[empty,1,empty,empty,empty,5]，数组元素个数发生了改变，运行结果为 6。

（三）参考答案：C

4.2.2　2019 年-第 3 题

在 JavaScript 中，alert("12">"9")的运行结果正确的是（　　　）。

A．true　　　　　　B．false　　　　　　C．12　　　　　　D．9

（一）考核知识和技能

1．BOM

2．alert()

3．字符串

4．比较运算符

（二）解析

1．BOM

window 对象：指当前的浏览器窗口，当前页面的顶层对象。

2．alert()

alert()用于弹出对话框，用来通知信息。

3．字符串

（1）使用单引号或双引号。

（2）JavaScript 使用 Unicode 字符集（\uxxxx），xxxx 为 Unicode 编码。

（3）Unicode 编码。

"1" 的 Unicode 编码：十进制 49；十六进制 31H（'\u0031'）。

"2" 的 Unicode 编码：十进制 50；十六进制 31H（'\u0032'）。

"9"的 Unicode 编码：十进制 57；十六进制 31H（'\u0039'）。

4．比较运算符

（1）比较运算符分成两类：相等比较和非相等比较。比较结果为 true 或 false。

（2）非相等的比较：算法先看两个运算值是否都是字符串，如果是字符串，就按照 Unicode 编码逐位比较；否则，将两个运算值都转换成数值，再比较数值的大小。

综上所述，首先可以确定题中为非相等的字符串比较，按照 Unicode 编码逐位比较。因为"1"的 Unicode 编码小于"9"的 Unicode 编码，所以结果为 false。

（二）参考答案：B

4.2.3　2019 年-第 7 题

（　　）事件处理程序可用于在用户单击按钮时执行函数。

A．onsubmit　　　　B．onclick　　　　C．onchange　　　　D．onexit

（一）考核知识和技能

1．事件驱动编程模式

2．事件绑定

3．onsubmit、onchange 事件

（二）解析

1．事件驱动编程模式

事件驱动原理如图 4-6 所示。

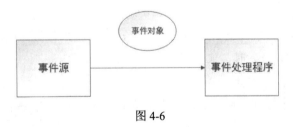

图 4-6

（1）事件源：产生事件的地方（HTML 元素）。

（2）事件：单击/鼠标操作/键盘操作等。

（3）事件对象：当某个事件发生时，可能产生一个事件对象，该事件对象会封装好该事件的信息，传递给事件处理程序。

（4）事件处理程序：响应用户事件的代码。

2．事件绑定

（1）HTML 中的事件绑定：可以适应不同的浏览器，一次只能绑定一个。

```
<button onclick="alert(1)" id="btn">按钮</button>
```

（2）JS 中的事件绑定：

① DOM0 级方法：当同时给一个元素的相同事件绑定两个事件处理函数时，后面的代

码会覆盖前面的代码。

```
var btn = document. getElementById('btn')   // 获取元素
btn.onclick = function () {      //绑定事件
    console.log('hello'); //执行函数内容
};
```

② DOM2 级方法：addEventListener()同时为同一个元素的同一个事件绑定多个处理函数时，前面的代码不会被覆盖，会按照绑定顺序执行。

```
element.addEventListener(event, function, useCapture);
// 给一个 id='myp'的 p 标签绑定 DOM2 事件
var oP = document.getElementById('myp');
oP.addEventListener('click',function(){
console.log(1)
},false);
oP.addEventListener('click',function(){
console.log(2)
},false);
oP.addEventListener('click',function(){
console.log(3)
},false);
```

上述代码的运行效果，如图 4-7 所示。

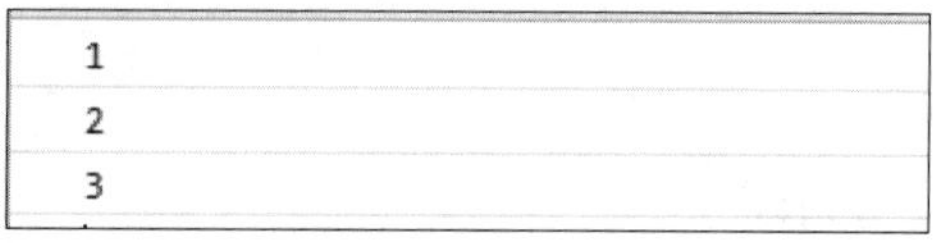

1
2
3

图 4-7

注意：第 1 个参数是事件类型；第 2 个参数是事件发生时需要调用的函数；第 3 个参数为布尔值，当参数为 false 时，使用冒泡传播，当参数为 true 时，使用捕获传播。

3．onsubmit、onchange 事件

（1）onsubmit 事件在提交表单时触发，该事件只在 form 元素中使用。

（2）onchange 事件在元素值改变时触发，适用于 input、textarea 和 select 等元素。

综上所述，onsubmit、onchange 是表单事件，无 onexit 事件。

（三）参考答案：B

4.2.4 2019 年-第 11 题

在 JavaScript 中，运行下面代码的结果是（　　　）。

```
var arr = [6,3,4,5,1];
var sum = 0;
for(var i = 1;i < arr.length; i++) {
  sum += arr[i];
}
console.log(sum);
```

A. 18　　　　　　B. 13　　　　　　C. 19　　　　　　D. 12

（一）考核知识和技能

1．数组

2．+=运算符

（二）解析

1．数组

（1）创建数组。

可以使用数组字面量表示法创建数组，数组字面量是指中括号中包含以逗号分隔的元素列表，如下所示：

```
var arr = [6,3,4,5,1];  //创建一个包含 5 个元素的数组
var arr1 = [];  //创建一个空数组
```

（2）数组索引。

要想取得数组中某个元素的值，需要使用中括号并提供相应的数组索引，如下所示：

```
console.log(arr[0]);  //控制台输出 6
console.log(arr[4]);  //控制台输出 1
```

（3）length 属性。

数组中元素的数量保存在 length 属性中，可以通过这个属性获取数组元素的个数，如下所示：

```
console.log(arr.length);  //控制台输出 5
console.log(arr1.length);  //控制台输出 0
```

（4）数组的遍历。

可以使用 for 循环遍历数组，依次获取数组中的每个元素，如下所示：

```
for(var i = 0;i<arr.length;i++){
   console.log(arr[i]);
}
```

上述代码的运行结果如图 4-8 所示。

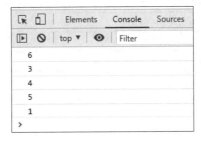

图 4-8

2．+=运算符

+=运算符是赋值运算符与算术运算符的结合，执行的是加法运算和赋值操作。

```
var sum = 0;
sum += 6;  //等价于 sum = sum + 6;
sum += 3;  //等价于 sum = sum + 3;
console.log(sum);  //控制台输出 9
```

综上所述，题中 for 循环遍历数组 arr 时，从索引 1 开始，到数组的 length 属性结束（即从数组的第二个元素到最后一个元素）；利用+=运算符把从数组的第二个元素到最后一个元素的值相加并存入变量 sum 中，最终变量 sum 的值为：sum=3+4+5+1。

（三）参考答案：B

4.2.5　2019 年-第 12 题

下列哪个不是 JavaScript 的事件类型？（　　　）

A．动作事件　　　　B．鼠标事件　　　　C．键盘事件　　　　D．HTML 事件

（一）考核知识和技能

事件类型

（二）解析

事件类型包含以下几种。

（1）HTML 事件，如表 4-2 所示。

表 4-2

事件名	描述
onerror	在错误发生时运行的脚本
onhaschange	当前 URL 的锚点部分（以"#"符号开头）发生更改时触发
onload	文档对象加载完成后触发
onresize	当浏览器窗口被调整大小时触发

（2）鼠标事件，如表 4-3 所示。

表 4-3

事件名	描述
onclick	当鼠标单击元素时触发
ondblclick	当鼠标双击元素时触发
onmousedown	当鼠标按下元素上按钮时触发
onscroll	当元素滚动条被滚动时运行的脚本

（3）键盘事件，如表 4-4 所示。

表 4-4

事件名	描述
onkeydown	在用户按下按键时触发
onkeypress	在用户敲击按钮时触发
onkeyup	当用户释放按键时触发

（4）表单事件，如表 4-5 所示。

表 4-5

事件名	描述
onchange	在元素值被改变时运行的脚本
oninput	当元素获得用户输入时运行的脚本
onsubmit	在提交表单时触发

（5）HTML5 事件（拖放事件、音视频事件）。

（6）触摸屏和移动设备事件。

综上所述，动作事件不属于 JavaScript 的事件类型。

（三）参考答案：A

4.2.6　2019 年-第 17 题

下列语句不能用于遍历数组的是（　　　）。

A．for　　　　　　B．for...in　　　　　　C．do while　　　　　　D．if

（一）考核知识和技能

1．in 运算符

2．语句

3．数组遍历

（二）解析

1．in 运算符

in 运算符用于检查某个键名是否存在，适用于数组和对象，in 运算符返回 false。

2．语句

条件语句（if）、循环语句（for、while）。

3．数组遍历

数组遍历有 3 种方式：for 循环、while 循环、for...in。

（1）for 循环。

```
for(var i = 0; i < a.length; i++) {
  console.log(a[i]);
}
```

（2）while 循环。

```
var i = 0;
while (i < a.length) {
  console.log(a[i]);
  i++;
}
```

（3）for...in。

```
for (var key in a) {
  console.log(key);
}
```

综上所述，if 是条件语句，不能用来遍历数组。

（三）参考答案：D

4.2.7　2019 年-第 18 题

下面代码的输出结果正确的是（　　）。

```
<script language="javascript">
x = 3;  y = 2;
z = (x+2)/y;
alert(z);
</script>
```

A．2　　　　　　　B．2.5　　　　　　　C．32/2　　　　　　D．16

（一）考核知识和技能

运算符

（二）解析

（1）运算符优先级。

()小括号可以用来提高运算的优先级，它的优先级是最高的，即小括号中的表达式会第一个进行运算。

（2）结合性：JavaScript 严格按照从左至右的顺序来计算表达式。

（3）除法运算符：x / y。

在 JavaScript 中，所有的数字都是浮点型的，除法结果也是浮点型的。

综上所述，z 的值为 5/2 的结果，即 2.5。

（三）参考答案：B

4.2.8　2019 年-第 20 题

下列哪个不是 JavaScript 中注释的正确写法？（　　）

A．<!--......-->　　B．//......　　　　C．/*......*/　　　　D．##

（一）考核知识和技能

1．注释

2．注释的写法

（二）解析

1．注释

定义：源码中被 JavaScript 引擎忽略的部分。

作用：对代码进行解释。

2．注释的写法

JavaScript 提供两种注释的写法，即单行注释和多行注释。

（1）单行注释：//注释内容。

（2）多行注释：/*注释内容*/。

（3）<!--……-->：由于历史上 JavaScript 可以兼容 HTML 代码的注释，因此<!--……-->也被视为合法的单行注释。

参考代码如下。

```
// 单行注释
/*
多行注释
多行注释
多行注释
*/
```

综上所述，##不属于以上任意一种注释方式，故正确选项为 D。

（三）参考答案：D

4.2.9　2019 年-第 24 题

下列选项中，不属于比较运算符的是（　　　）。

A．==　　　　　　　B．===　　　　　　C．!==　　　　　　D．=

（一）考核知识和技能

1．比较运算符

2．赋值运算符

（二）解析

1．比较运算符

比较运算符用于比较两个值的大小，返回一个布尔值（true 或 false）。

（1）JavaScript 提供了 8 个比较运算符，如表 4-6 所示。

表 4-6

运算符	描述
==	等于
===	绝对等于（值和类型均相等）
!=	不等于
!==	不绝对等于（值和类型有一个不相等，或两个都不相等）
>	大于
<	小于
>=	大于或等于
<=	小于或等于

（2）比较运算符分成两类：相等比较和非相等比较。比较结果为 true 或 false。

（3）非相等的比较：算法先看两个运算值是否都是字符串，如果是字符串，就按照 Unicode 编码逐位比较；否则，将两个运算值都转换成数值，再比较数值的大小。

2．赋值运算符

赋值运算符如表 4-7 所示。

表 4-7

运算符	示例	
=	x=y	
+=	x+=y	x=x+y
-=	x-=y	x=x-y
*=	x*=y	x=x*y
/=	x/=y	x=x/y
%=	x%=y	x=x%y

注意："="表示把它右边的运算值赋给左边。

综上所述，D 选项为赋值运算符，不属于比较运算符。

（三）参考答案：D

4.2.10 2019 年-第 25 题

在 JavaScript 中，执行下面的代码后，num 的值是（　　　）。

```
var str = "wang.wu@gmail.com";
var num = str.indexOf(".");
```

A．-1   B．0   C．4   D．13

（一）考核知识和技能

1．JavaScript 数据类型

2．字符串

3．String 对象方法：indexOf()方法

（二）解析

1．JavaScript 数据类型

JavaScript 包括基本数据类型和引用数据类型。

基本数据类型：字符串（String）、数值（Number）、布尔值（Boolean）、Undefined、Null。

引用数据类型：数组（Array）、对象（Object）。

2．字符串

（1）基本字符串（基本数据类型）。

```
var str = '基本字符串';
```

（2）字符串对象（String 对象）。

```
var str = new String('String 对象');
```

JavaScript 会自动将基本字符串转换为字符串对象，只有将基本字符串转换为字符串对象之后才可以使用字符串对象的方法。

3．String 对象方法：indexOf()方法

indexOf()方法用于查找一个字符串在另一个字符串中第一次出现的位置，返回匹配开始的位置（索引值）。

（1）语法格式为 str.indexOf(searchValue [, fromIndex])。

（2）参数说明如下。

searchValue：被查找的字符串值。

fromIndex：可选参数，数字表示开始查找的位置，默认值为 0。

（3）返回值为查找的字符串 searchValue 的第一次出现的位置的索引值，如果没有找到，则返回-1。

```
var str = '认知·体验·实践';
console.log(str.indexOf('·'), str.indexOf('实践'));
// 2 6
console.log(str.indexOf('卓'));
// -1
```

综上所述，查找到的第一个"."是数组的第 5 个元素，也就是索引为 4。

（三）参考答案：C

4.2.11 2019 年-第 27 题

在 JavaScript 中，下列（   ）语句能正确获取系统当前时间的小时值。

A．var date=new Date();   var hour=date.getHour();

B．var date=new Date();   var hour=date.gethours();

C．var date=new date();   var hour=date.getHours();

D．var date=new Date();   var hour=date.getHours();

（一）考核知识和技能

Date 对象

（二）解析

Date 对象是 JavaScript 的原生的日期时间库，它将日期保存为国际标准时间（UTC）1970 年 1 月 1 日午夜（零时）至今所经过的毫秒数。

（1）Date 对象的创建。

使用 new 操作符调用 Date 构造函数来创建 Date 对象，在不给 Date 构造函数传递参数的情况下，创建的对象将保存当前的日期和时间。

```
var myTime = new Date();//返回当前的日期和时间
console.log(myTime);
```

上述代码的运行结果，如图 4-9 所示。

（2）Date 对象的方法，如表 4-8 所示。

表 4-8

方法名	描述
getFullYear()	从 Date 对象返回 4 位数字的年份
getMonth()	从 Date 对象返回月份（0～11）
getDate()	从 Date 对象返回一个月中的某一天（1～31）
getDay()	从 Date 对象返回一周中的某一天（0～6）
getHours()	返回 Date 对象的小时（0～23）
getMinutes()	返回 Date 对象的分钟（0～59）
getSeconds()	返回 Date 对象的秒数（0～59）
getMilliseconds()	返回 Date 对象的毫秒（0～999）

```
console.log(myTime.getFullYear());     //年（4 位）
console.log(myTime.getMonth()+1);      //月（0～11）
console.log(myTime.getDate());         //日
console.log(myTime.getHours());        //时
console.log(myTime.getMinutes());      //分
console.log(myTime.getSeconds());      //秒
```

上述代码的运行结果，如图 4-10 所示。

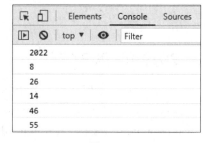

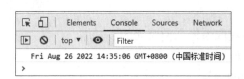

图 4-9   图 4-10

综上所述，调用 Date 构造函数来创建 Date 对象时，函数名需要大写：new Date()；而通过 Date 对象的 getHours()方法获取系统当前时间的小时值，该方法的字母 H 需要大写，并以字母 s 结尾。

（三）参考答案：D

4.2.12   2019 年-第 28 题

在 JavaScript 中，定义函数使用的关键字是（   ）。

A．function   B．func   C．var   D．new

（一）考核知识和技能

函数声明

（二）解析

函数是以这样的方式进行声明的：关键字 function、函数名、一组参数，以及置于大括号中的待执行代码。被声明的函数不会直接执行，当它们被调用时才会执行。

（1）使用关键字 function 来定义函数。

```
function 函数名() { 要执行的代码 }
```

（2）函数表达式。

函数表达式可以在变量中存储。在变量中保存函数表达式之后，此变量可用作函数。在这种方式下，function () { ... }是一个匿名函数，它没有函数名。

```
var 函数名= function () {要执行的代码}
```

（3）使用关键字 Function 定义函数。

```
var 函数名= new Function(参数，要执行的代码);
```

综上所述，在 JavaScript 中，定义函数使用的关键字是 function。

（三）参考答案：A

4.2.13　2020 年-第 9 题

在 JavaScript 中，若"date=new Date();"，则下列（　　）语句能正确获取系统当前时间的小时值。

A．date.getHour();　　　　　　　　B．date.gethours();

C．date.gethour();　　　　　　　　D．date.getHours();

（一）考核知识和技能

1．Date 对象

2．Date 对象的方法

（二）解析

1．Date 对象

Date 对象是 JavaScript 的原生的时间库，它以国际标准时间（UTC）1970 年 1 月 1 日 00:00:00 作为时间的零点。

（1）创建 Date 对象。

new Date()返回当前的日期和时间。

```
var date1 = new Date();
console.log(date1);
```

上述代码的运行结果，如图 4-11 所示。

new Date（时间）返回一个与该时间参数对应的实例。

```
var date2 = new Date("March 16,2021");
console.log(date2);
```

上述代码的运行结果，如图 4-12 所示。

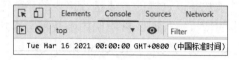

图 4-11   图 4-12

2．Date 对象的方法

Date 对象的方法参考表 4-8。

返回当前日期对象的小时值。

```
var date3 = new Date();
console.log(date3.getHours());
```

上述代码的运行结果，如图 4-13 所示。

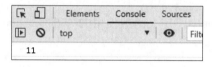

图 4-13

综上所述，调用 Date 对象的方法获取小时值，只有 D 选项的写法是正确的，其他选项的方法名写法错误。

（三）参考答案：D

4.2.14　2020 年-第 10 题

下列选项中，属于比较运算符的是（　　　）。

A．+   B．?   C．!==   D．=

（一）考核知识和技能

1．比较运算符
2．算术运算符
3．三元运算符
4．赋值运算符

（二）解析

1．比较运算符

比较运算符用于比较两个值的大小，返回一个布尔值（true 或 false）。

（1）JavaScript 提供了 8 个比较运算符，如表 4-9 所示。

表 4-9

运算符	描述
==	等于
===	绝对等于（值和类型均相等）

续表

运算符	描述
!=	不等于
!==	不绝对等于（值和类型有一个不相等，或两个都不相等）
>	大于
<	小于
>=	大于或等于
<=	小于或等于

（2）比较运算符分成两类：相等比较和非相等比较。

（3）非相等的比较：算法先看两个运算值是否都是字符串，如果是字符串，就按照 Unicode 编码逐位比较；否则，将两个运算值都转换成数值，再比较数值的大小。

2．算术运算符

算术运算符以两个数值作为操作数，并返回运算结果，如表 4-10 所示。

表 4-10

运算符	描述	示例
+	加法	x=y+2
-	减法	x=y-2
*	乘法	x=y*2
/	除法	x=y/2
%	取模（余数）	x=y%2
++	自增	x=++y/x=y++
--	自减	x=--y/x=y--

3．三元运算符

三元运算符用于基于条件的赋值运算，其语法格式为(条件)？值 1：值 2。

```
var age = 16;
console.log((age < 18) ? "未成年人" : "成年人");
```

上述代码的运行结果，如图 4-14 所示。

4．赋值运算符

赋值运算符由等于号（=）表示，其作用是把右侧的值赋给左侧的变量。

```
var age = 20;
console.log(age);
var str = (age < 18) ? "未成年人" : "成年人";
console.log(str);
```

上述代码的运行结果，如图 4-15 所示。

综上所述，A 选项"+"属于算术运算符，B 选项"？"属于三元运算符，D 选项"="属于赋值运算符，C 选项"!=="为比较运算符。

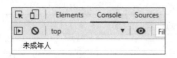

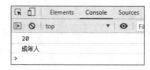

图 4-14   图 4-15

（三）参考答案：C

4.2.15　2020 年-第 11 题

下面代码的输出结果正确的是（　　）。

```
var x = 2 , y = 2;
z = (x+2)/y;
alert(z);
```

A．2　　　　　　　B．2.5　　　　　　C．32/2　　　　　　D．16

（一）考核知识和技能

1．变量
2．运算符

（二）解析

本题定义了两个变量 x 和 y，并赋给它们初始值 2。然后（x+2）得出结果 4，再将 4/y 得出结果 2，最终得出 z=2。

（三）参考答案：A

4.2.16　2020 年-第 13 题

下列语句不属于条件语句的是（　　）。

A．switch　　　　　　B．while　　　　　　C．if..else　　　　　　D．if..else if

（一）考核知识和技能

1．条件语句
2．循环语句

（二）解析

1．条件语句

条件语句通过判断指定表达式的值来决定执行还是跳过某些语句。

（1）if...else 语句。

```
var age = 14;
if(age < 18) {
    console.log("未成年人");
} else {
    console.log("成年人");
}
```

上述代码的运行结果，如图 4-16 所示。

（2）if...else if 语句。

```javascript
var age = 18;
if(age < 18) {
    console.log("未满 18 岁");
} else if(age > 18) {
    console.log("已满 18 岁");
} else{
    console.log("刚满 18 岁");
}
```

上述代码的运行结果，如图 4-17 所示。

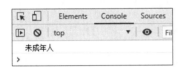

图 4-16

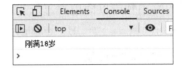

图 4-17

（3）switch 语句。

```javascript
var grade = 2;
switch(grade){
    case 1:
        console.log("大一");
        break;
    case 2:
        console.log("大二");
        break;
    case 3:
        console.log("大三");
        break;
    default:
        console.log("大四");
}
```

上述代码的运行结果，如图 4-18 所示。

2．循环语句

循环语句可以让一部分代码重复执行，JavaScript 中有 4 种循环语句：while、do while、for 和 for...in。

```javascript
var i = 1;
var total = 0;
while(i<100){
    total = total + i;
    i++;
}
console.log(total);
```

上述代码的运行结果，如图 4-19 所示。

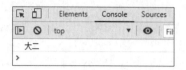
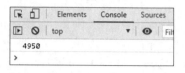

图 4-18   图 4-19

综上所述，while 属于循环语句，故选 B 选项。

（三）参考答案：B

4.2.17   2020 年-第 15 题

（   ）函数可以向用户显示一个弹窗。

A．alert()   B．display()   C．show()   D．hide()

（一）考核知识和技能

1．window 对象

2．alert()

3．jQuery 动画

（二）解析

1．window 对象

window 对象：指当前的浏览器窗口，当前页面的顶层对象。

2．alert()

window.alert()：window 对象的方法，方法的参数是一个字符串。当调用该方法时，会弹出一个对话框，并在对话框中显示传入的字符串。该对话框有一个"确定"按钮，单击"确定"按钮会关闭对话框。

```
alert("你好,JS");
```

上述代码的运行效果，如图 4-20 所示。

图 4-20

3．jQuery 动画

jQuery 提供了 show()和 hide()方法，可以使用 show()和 hide()方法来控制 HTML 元素的显示和隐藏。

综上所述，可以使用 alert()向用户显示一个弹窗。

（三）参考答案：A

4.2.18　2020 年-第 18 题

在 JavaScript 中，用于声明变量的关键字是（　　　）。

A．function　　　　　B．func　　　　　C．var　　　　　D．new

（一）考核知识和技能

1．声明变量

2．声明函数

3．创建对象

（二）解析

1．声明变量

（1）使用一个变量之前应当先声明，变量使用 var 关键字来声明。

```
var a;
var b;
```

（2）使用 var 关键字重复声明变量是合法的。如果重复声明带有初始化，那么就和一条赋值语句一样。

```
var a = 1;
console.log(a);
var a = 2;
console.log(a);
var a;
console.log(a);
```

上述代码的运行结果，如图 4-21 所示。

2．声明函数

函数使用 function 关键字来声明，它可以用在函数声明语句或函数定义表达式里。被声明的函数不会直接执行，当它们被调用时才会执行。

（1）函数声明语句。

```
function 函数名(参数) {
    要执行的代码
}
```

（2）函数定义表达式。

```
var 变量名 = function (参数) {
    要执行的代码
};
```

一条函数定义表达式实际上声明了一个变量，并把一个函数对象赋值给它。

3．创建对象

new 关键字创建并初始化一个新对象，new 关键字后跟随一个函数调用。这里的函数被称作构造函数，构造函数用于初始化一个新创建的对象。

```
var obj1 = new Object();        //创建一个空对象
var obj2 = new Array();         //创建一个空数组
var obj3 = new Date();          //创建一个表示当前时间的 Date 对象
console.log(obj1);
console.log(obj2);
console.log(obj3);
```

上述代码的运行结果，如图 4-22 所示。

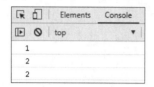

图 4-21   图 4-22

综上所述，用于声明变量的关键字是 var。

（三）参考答案：C

4.2.19　2020 年-第 20 题

在 JavaScript 中，运行下面的代码的结果是（　　）。

```
var arr = [2,5,3,2,1];
var sum = 0;
for(var i = 0; i < arr.length - 1; i++) {
  sum += arr[i];
}
console.log(sum);
```

A．18　　　　　　　B．13　　　　　　　C．19　　　　　　　D．12

（一）考核知识和技能

1．数组

2．+=运算符

3．console 对象

（二）解析

1．数组

（1）数组的定义。

创建数组的基本方式有两种：[]、new Array()。创建数组时可以传递数组中包含的数组项。

```
var arr1 = [1,2,3];
var arr2 = new Array(1,2,3);
console.log(arr1);
console.log(arr2);
```

上述代码的运行结果，如图 4-23 所示。

如果预先知道数组项数量，则可以给 Array 构造函数传递一个数值。

```
var arr3 = new Array(6);
console.log(arr3);
```

上述代码的运行结果，如图 4-24 所示。

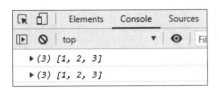

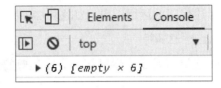

图 4-23   图 4-24

（2）访问数组元素：使用中括号并提供数组下标（索引）来引用某个数组元素，下标从 0 开始。

```
var arr1 = ['a','b','c'];
console.log(arr1[0]);
arr1[0] = 'a1';
console.log(arr1[0]);
```

上述代码的运行结果，如图 4-25 所示。

（3）length 属性保存数组元素的个数（数量）。

```
var arr1 = [2,4,6];
console.log(arr1.length);
var arr2 = new Array(5);
console.log(arr2.length);
```

上述代码的运行结果，如图 4-26 所示。

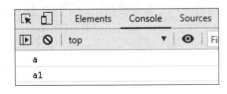

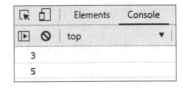

图 4-25   图 4-26

访问数组的最后一个元素。

```
console.log(arr1[arr1.length-1]);
```

上述代码的运行结果，如图 4-27 所示。

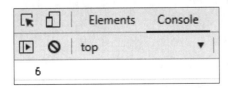

图 4-27

（4）数组的遍历。

可以通过 for 循环、while 循环、for...in 等方式遍历数组元素。

```
var arr = ["a", "b", "c"];
for(var i=0;i<arr.length;i++){
    console.log(arr[i]);
}
```

上述代码的运行结果，如图 4-28 所示。

2．+=运算符

+=运算符是赋值运算符与算术运算符的结合。

```
var sum = 100;
sum += 100;
console.log(sum);
var sum1 = 100;
sum1 = sum1 + 100;
console.log(sum1);
```

上述代码的运行结果，如图 4-29 所示。

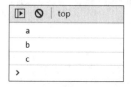

图 4-28

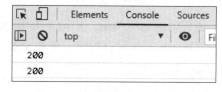

图 4-29

3．console 对象

（1）console 对象是 JavaScript 的原生对象，用于输出各种信息到控制台。

（2）console.log()：console 对象的静态方法，接收一个或多个参数，用于在控制台输出信息。

综上所述，题目代码的执行结果是 12。

（三）参考答案：D

4.2.20　2020 年-第 22 题

在 JavaScript 中，执行下面的代码后，num 的值是（　　　）。

```
var str= "wu@gmail.com";
var num = str.indexOf(".");
console.log(num);
```

A．-1　　　　　　　　B．7　　　　　　　　C．9　　　　　　　　D．8

（一）考核知识和技能

1．JavaScript 数据类型

2．字符串

3．String 对象的方法：indexOf()

（二）解析

1．JavaScript 数据类型

JavaScript 数据类型分为基本数据类型和引用数据类型，基本数据类型包括数值、字符串、布尔值、Null（空）、Undefined（未定义）。除基本数据类型外，其他都是引用数据类型。

2．字符串

（1）基本字符串（基本数据类型）。

基本字符串是零个或多个排在一起的字符，放在单引号或双引号之中。

```
var str1 = '你好';
var str2 = "hello";
```

（2）字符串对象（String 对象）。

字符串对象是用字符串的构造函数生成的。

```
var str3 = new String('你好');
var str4 = new String('hello');
```

（3）只要使用了字符串的属性或方法，JavaScript 就会将字符串值通过调用 new String() 的方式转换成字符串对象。

3．String 对象的方法：indexOf()

indexOf()方法用于查找一个字符串在另一个字符串中第一次出现的位置，返回匹配开始的位置（索引值）。

（1）语法格式为 str.indexOf(searchValue [, fromIndex])。

（2）参数说明如下。

searchValue：被查找的字符串值。

fromIndex：可选参数，数字表示开始查找的位置，默认值为 0。

（3）返回值为查找字符串 searchValue 第一次出现的位置的索引值，如果没有找到，则返回-1。

```
var str = '认知·体验·实践';
console.log(str.indexOf('·'));
console.log(str.indexOf('实践'));
console.log(str.indexOf('卓'));
```

上述代码的运行结果，如图 4-30 所示。

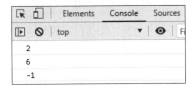

图 4-30

综上所述，字符串"."在字符串"wu@gmail.com"中第一次出现的位置的索引值是 8。

（三）参考答案：D

4.2.21 2020 年-第 24 题

在 JavaScript 中，alert("11">"2")的运行结果正确的是（   ）。

A．T   B．F   C．true   D．false

（一）考核知识和技能

1．BOM

2．alert()

3．字符串

4．比较运算符

（二）解析

1．BOM

window 对象：指当前的浏览器窗口，当前页面的顶层对象。

2．alert()

window.alert()：window 对象的方法，方法的参数是字符串。
作用：弹出对话框，只有一个"确定"按钮，用来通知信息。

3．字符串

（1）使用单引号或双引号。
（2）JavaScript 使用 Unicode 字符集（\uxxxx），xxxx 为 Unicode 编码。
（3）Unicode 编码。
"1"的 Unicode 编码：十进制 49；十六进制 31H（'\u0031'）。
"2"的 Unicode 编码：十进制 50；十六进制 31H（'\u0032'）。
"9"的 Unicode 编码：十进制 57；十六进制 31H（'\u0039'）。

4．比较运算符

（1）比较运算符分成两类：相等比较和非相等比较。比较结果为 true 或 false。
（2）非相等的比较：算法先看两个运算值是否都是字符串，如果是字符串，就按照 Unicode 编码逐位比较；否则，将两个运算值都转换成数值，再比较数值的大小。

综上所述，首先可以确定题中为非相等的字符串比较，按照 Unicode 编码逐位比较。因为"1"的 Unicode 编码小于"2"的 Unicode 编码，所以结果为 false。

（三）参考答案：D

4.2.22 2020 年-第 25 题

下面的代码输出什么结果？（   ）

```
var arr = new Array(6);
arr[1] = 5;
arr[5] = 4;
console.log(arr.length);
```

  A. 7   B. 5   C. 6   D. 报错

（一）考核知识和技能

1. 数组

2. console.log()方法

（二）解析

数组：创建数组、数组索引、length 属性。

console.log()方法：console 对象、log()方法。

本题与 2019 年-第 2 题类似，以上知识点可参考 2019 年-第 2 题的解析内容，此处不再赘述。

综上所述，题中代码首先创建了一个包含 6 个空元素的数组 arr，然后设置索引为 1 的元素的值为 5，此时 arr 是[empty,5,empty,empty,empty,empty]，再设置索引为 5 的元素的值为 4，此时 arr 是[empty,5,empty,empty,empty,4]，数组元素的个数未发生改变。通过 length 属性获取数组元素的个数，运行结果为 6。

（三）参考答案：C

4.2.23　2020 年-第 26 题

onclick 属于 JavaScript 的哪个事件类型？（　　　　）

  A. 动作事件   B. 鼠标事件

  C. 键盘事件   D. HTML 页面事件

（一）考核知识和技能

事件类型

（二）解析

事件类型中的鼠标事件，如表 4-11 所示。

表 4-11

事件名	描述
onclick	当鼠标单击元素时触发
ondblclick	当鼠标双击元素时触发
onmousedown	当按下鼠标按钮时触发
onscroll	当元素滚动条被滚动时运行的脚本

综上所述，onclick 属于 JavaScript 的鼠标事件。

（三）参考答案：B

4.2.24 2021 年-第 9 题

下列 JavaScript 代码输出的结果是（   ）。

```
var key="none";
console.log(key);
```

A．0   B．none   C．"none"   D．false

（一）考核知识和技能

1．字符串 string 类型

2．console.log()方法

（二）解析

1．字符串 string 类型

字符串 string 类型的独特之处在于，它是唯一没有固定大小的原始类型。字符串 string 可以用字符串存储 0 或者更多的 Unicode 字符，用 16 位整数表示（Unicode 是一种国际字符集）。字符串中每个字符都有特定的位置，首字符从位置 0 开始，第二个字符在位置 1，以此类推。这意味着字符串中最后一个字符的位置一定是字符串的长度减 1。字符串字面量是用双引号（""）或单引号（"）声明的。而 Java 用双引号来声明字符串，用单引号来声明字符。由于 JavaScript 没有字符类型，所以可以使用这两种表示方法中的任何一种。在下面的示例中，两行代码都有效。

```
var  sColor1 = "red"; //双引号
var  sColor2 = 'red'; //单引号
```

2．console.log()方法

console.log()方法用于在控制台输出信息。该方法用于在开发过程进行测试，在测试该方法的过程中，控制台需要可见，浏览器按下 F12 键即可打开控制台。字符串在输出时，无论是浏览器窗口还是控制台，其两边的双引号或单引号都会被去掉。

（三）参考答案：B

4.2.25 2021 年-第 14 题

在 HTML 中，JavaScript 代码应该在下列哪一个标签中编写？（   ）

A．<js>   B．<script>   C．<style>   D．<javascript>

（一）考核知识和技能

<script>标签

（二）解析

<script>标签用于定义客户端脚本，如 JavaScript。script 元素既可以包含脚本语句，也可以通过 src 属性链接外部脚本文件。

（1）在 HTML 页面中插入一段 JavaScript 语句。

```
<script type="text/javascript">
   document.write("Hello World!")
</script>
```

（2）在 HTML 页面中链接外部脚本文件。

```
<script type="text/javascript" src="myScript.js">
</script>
```

（三）参考答案：B

4.2.26 2021 年-第 23 题

在 JavaScript 中，alert("37"<"8") 的运行结果正确的是（   ）。

A．T   B．F   C．true   D．false

（一）考核知识和技能

1．字符串比较大小规则

2．布尔类型（boolean）值

（二）解析

1．字符串比较大小规则

比较两个字符串的大小时，会把字符串转换为 ASCII 值，然后从左至右比较第一个不同的字符的 ASCII 值大小。本题中的"37"和"8"均为字符串，只需比较"3"的 ASCII 值 51 和"8"的 ASCII 值 56，可得出结果是正确的。一般无须记住每个字符的 ASCII 值，只要记住常用的大、小写字母和数字这 3 类字符在 ASCII 值对照表中的先后顺序及每一类的内在逻辑大小即可。ASCII 值对照表如表 4-12 所示。

表 4-12

ASCII 值	控制字符	ASCII 值	控制字符	ASCII 值	控制字符	ASCII 值	控制字符
0	NUT	32	(space)	64	@	96	、
1	SOH	33	!	65	A	97	a
2	STX	34	"	66	B	98	b
3	ETX	35	#	67	C	99	c
4	EOT	36	$	68	D	100	d
5	ENQ	37	%	69	E	101	e
6	ACK	38	&	70	F	102	f
7	BEL	39	,	71	G	103	g
8	BS	40	(	72	H	104	h
9	HT	41	)	73	I	105	i
10	LF	42	*	74	J	106	j
11	VT	43	+	75	K	107	k
12	FF	44	,	76	L	108	l

续表

ASCII 值	控制字符	ASCII 值	控制字符	ASCII 值	控制字符	ASCII 值	控制字符
13	CR	45	–	77	M	109	m
14	SO	46	.	78	N	110	n
15	SI	47	/	79	O	111	o
16	DLE	48	0	80	P	112	p
17	DCI	49	1	81	Q	113	q
18	DC2	50	2	82	R	114	r
19	DC3	51	3	83	S	115	s
20	DC4	52	4	84	T	116	t
21	NAK	53	5	85	U	117	u
22	SYN	54	6	86	V	118	v
23	TB	55	7	87	W	119	w
24	CAN	56	8	88	X	120	x
25	EM	57	9	89	Y	121	y
26	SUB	58	:	90	Z	122	z
27	ESC	59	;	91	[	123	{
28	FS	60	<	92	\	124		
29	GS	61	=	93	]	125	}
30	RS	62	>	94	^	126	`
31	US	63	?	95	_	127	DEL

2．布尔类型（boolean）值

布尔类型的两个值是 true 和 false。

（三）参考答案：C

4.3 多选题

4.3.1 2019 年-第 4 题

下面哪些是 JavaScript 中 document 的方法？（ ）

A．getElementById

B．getElementsById

C．getElementsByTagName

D．getElementsByName

E．getElementsByClassName

（一）考核知识和技能

1．DOM

2．document 对象

（二）解析

1．DOM

DOM（Document Object Model，文档对象模型）：当网页被加载时，浏览器会创建页面的文档对象模型。页面中的不同信息或标记，在文档对象模型中由不同类型的节点表示。

HTML 示例代码如下：

```
<!DOCTYPE html>
<html>
  <head>
    <title>DOM 示例</title>
  </head>
  <body>
    <a href="">超链接</a>
    <h1>标题</h1>
  </body>
</html>
```

文档对象模型如图 4-31 所示。

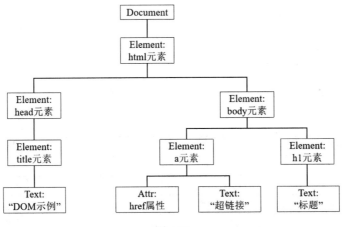

图 4-31

2．document 对象

Document 类型表示文档节点类型，document 对象是 Document 类型的实例对象，用于表示整个网页。通过 document 对象的属性和方法，可以获取网页的信息以及修改网页的外观和内容。

（1）获取网页中的元素常用的方法如表 4-13 所示。

表 4-13

方法名	描述
getElementById()	通过 id 属性获取元素，返回一个元素对象
getElementsByClassName()	通过 class 属性获取元素，返回元素对象数组
getElementsByTagName()	通过标签名获取元素，返回元素对象数组
getElementsByName()	通过 name 属性获取元素，返回元素对象数组

通过 document 对象获取网页中的元素的示例代码如下：

```
<body>
  输入框1: <input type="text" id="num1" />
  输入框2: <input type="text" class="num2" />
  输入框3: <input type="text" class="num2"/>
  输入框4: <input type="text" name="num3" />
  <script>
  console.log(document.getElementById('num1'));          //获取输入框1
  console.log(document.getElementsByClassName('num2'));  //获取输入框2和3
  console.log(document.getElementsByTagName('input'));   //获取所有输入框
  console.log(document.getElementsByName('num3'));       //获取输入框4
  </script>
</body>
```

上述代码的运行结果如图 4-32 所示。

图 4-32

（2）获取网页的信息或元素的一些属性如表 4-14 所示。

表 4-14

属性名	描述
domain	获取网页的域名
URL	获取网页的完整网址
title	获取网页的标题
body	获取网页中的 body 元素

综上所述，B 选项的 "getElementsById" 写法有误，多了一个字母 s。

（三）参考答案：ACDE

4.3.2 2019 年-第 8 题

下面的代码输出的结果是（　　）。

```
var name = "小花";
var name = "小丽";
var a = 123;
var b = 10%3;
alert(name);
alert(typeof a);
alert(b);
```

A. 小花　　　　　　B. 小丽　　　　　　C. number　　　　D. 3　　　　E. 1

（一）考核知识和技能

1. JavaScript 变量
2. 系数
3. alert()
4. typeof 运算符

（二）解析

1. JavaScript 变量

（1）var 命令：声明变量。

（2）变量名区分大小写。

2. 系数

系数运算符（%）返回除法的余数。

3. alert()

window.alert()：window 对象的方法，方法的参数是字符串。

作用：弹出对话框，只有一个"确定"按钮，用来通知信息。

4. typeof 运算符

typeof 运算符返回变量或表达式的类型。

typeof 运算符对数组返回"object"，因为在 JavaScript 中数组属于对象。

综上所述，同一变量重复声明的话，最后一次赋值将会覆盖原来的值，所以变量 name 的值是"小丽"；123 的数据类型是数值，用 typeof 运算符检查的变量 a 返回的是"number"；10 除以 3 余 1，所以变量 b 的值是 1。

（三）参考答案：BCE

4.3.3　2019 年-第 10 题

以下（　　）是 JavaScript 的内置对象？

A. Object　　　　　B. Array　　　　　C. String　　　　D. Error

（一）考核知识和技能

JavaScript 对象类型

（二）解析

JavaScript 对象类型如下。

（1）JavaScript 本地对象。

与宿主无关，独立于宿主环境的 ECMAScript 实现提供的对象，这些引用类型在运行过程中需要通过 new 来创建所需的实例对象。

例如：Object、Function、Array、String、Number、Date、RegExp、Boolean、Error、EvalError、RangeError、ReferenceError、SyntaxError、TypeError、URIError。

（2）JavaScript 内置对象。

与宿主无关，独立于宿主环境的 ECMAScript 实现提供的对象。

在 ECMAScript 程序开始执行前就存在，本身就是实例化内置对象，开发者无须再去实例化。内置对象是本地对象的子集。ECMA-262 定义的内置对象只有两个：Global 和 Math。

有时候我们也把本地对象称为"内置对象"。

（3）宿主对象。

由 ECMAScript 实现的宿主环境提供的对象，包含两大类，一个是宿主提供，一个是自定义类对象。所有的 DOM 和 BOM 对象都属于宿主对象，如图 4-33 所示。

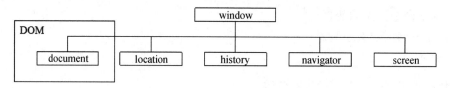

图 4-33

综上所述，Object、Array、String、Error 均为 JavaScript 的内置对象。

（三）参考答案：ABCD

4.3.4　2019 年-第 13 题

下列关于 JavaScript 中 return 的含义描述正确的是（　　　）。

A．return 可以将函数的结果返回给当前函数名

B．如果函数中没有 return，则返回 undefined

C．return 可以用来结束一个函数

D．return 可以返回多个值

（一）考核知识和技能

return 关键字

（二）解析

（1）使用 return 关键字，可以将函数的结果返回给当前函数名。

```
function f1(a, b) {
    var c = a * b;
    return c;
}
var result = f1(7, 8);
console.log(result);
```

上述代码的运行结果，如图 4-34 所示。

（2）如果函数中没有 return，则默认返回 undefined。

```
function f2(a, b) {
    var c = a * b;
}
```

```
var result = f2(7, 8);
console.log(result);
```

上述代码的运行结果，如图 4-35 所示。

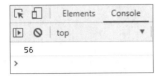
图 4-34

图 4-35

（3）return 可以用来结束一个函数。

```
function f3(a, b) {
    console.log('f3 函数被调用');
    return;
    console.log(a * b);
}
f3(7, 8);
```

上述代码的运行结果，如图 4-36 所示。

（4）return 可以返回多个值。

```
function f4(){
    return ["a","b"];
}
console.log(f4());
```

上述代码的运行结果，如图 4-37 所示。

图 4-36

图 4-37

综上所述，A、B、C、D 选项的描述均正确。

（三）参考答案：ABCD

4.3.5　2020 年-第 1 题

关于 HTML DOM document 对象描述错误的是（　　）。

A．不是每个载入浏览器的 HTML 文档都会成为 document 对象

B．document 对象使我们可以从脚本中对 HTML 页面中的所有元素进行访问

C．document 对象是 window 对象的一部分，可以通过 window.document 属性对其进行访问

D．document 对象中的 title 属性不可以修改网页的标题

（一）考核知识和技能

1．BOM（Browser Object Model：浏览器对象模型）

2．window 对象

3．DOM（Document Object Model：文档对象模型）

4．document 对象（HTML DOM document）

（二）解析

1．BOM（Browser Object Model：浏览器对象模型）

BOM 提供了许多对象：window 对象、document 对象、location 对象、screen 对象、history 对象、navigator 对象，通过这些对象可以操作浏览器的相关功能。

浏览器对象模型如图 4-38 所示。

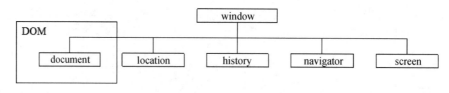

图 4-38

2．window 对象

BOM 的核心是 window 对象，而 window 对象在浏览器中有两重身份，一个是浏览器窗口的实例，另一个就是 JavaScript 中的全局对象。这意味着网页中定义的所有对象、变量和函数，都自动成 window 对象的成员。

全局变量是 window 对象的属性，全局函数是 window 对象的方法。document 对象也是 window 对象的属性。

```
//全局变量和函数成为 window 对象的属性和方法
var a1 = 1;
function a2(){
    console.log('a2 函数');
}
console.log(a1);
a2();
console.log(window.a1);
window.a2();
//document 对象也是 window 对象的属性
console.log(document);
console.log(window.document);
console.log(document == window.document);
```

上述代码的运行结果，如图 4-39 所示。

3．DOM（Document Object Model：文档对象模型）

当网页被加载时，浏览器会创建页面的文档对象模型（Document Object Model）。

通过 HTML DOM 能够访问和改变 HTML 文档的所有元素。文档对象模型的参考如图 4-40 所示。

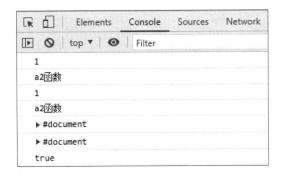

图 4-39

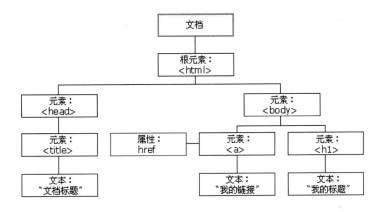

图 4-40

4．document 对象（HTML DOM document）

（1）每个载入浏览器的 HTML 文档都会成为 document 对象。

HTML Document 接口对 DOM Document 接口进行了扩展，定义 HTML 专用的属性和方法。

（2）属性：body 属性、cookie 属性、domain 属性、lastModified 属性、referrer 属性、title 属性、URL 属性。

（3）方法：close()、getElementById()、getElementsByName()、getElementsByTagName()、open()、write()、writeln()。

（4）document.title 属性：返回当前文档的标题。

```html
<html>
    <head>
        <title>My title</title>
    </head>
    <body>
        <script type="text/javascript">
            document.write(document.title);//返回文档标题
        </script>
    </body>
</html>
```

上述代码的运行结果，如图 4-41 所示。

设置当前文档的标题。

```html
<html>
    <head>
        <title>My title</title>
    </head>
    <body>
        <script type="text/javascript">
        document.title="New title";//设置文档标题
        document.write(document.title);
        </script>
    </body>
</html>
```

上述代码的运行结果，如图 4-42 所示。

图 4-41

图 4-42

综上所述，每个载入浏览器的 HTML 文档都会成为 document 对象，document 对象中的 title 属性可以修改网页的标题。

（三）参考答案：AD

4.3.6　2020 年-第 2 题

关于下面的代码的运行结果说法正确的是（　　　）。

```javascript
var name = "Jack";
alert(name);
var name = "Ben";
alert(name);
var name;
alert(name);
```

A．第三个弹窗显示 Jack

B．第二个弹窗显示 Ben

C．第一个弹窗显示 Jack

D．第三个弹窗显示空

（一）考核知识和技能

1．声明变量

2．数据类型（undefined、null）

（二）解析

1．声明变量

（1）使用一个变量之前应当先声明，变量使用 var 关键字来声明。

```
var a;
var b;
```

（2）使用 var 关键字重复声明变量是合法的。如果重复声明带有初始化，则和一条赋值语句一样。

```
var a = 1;
console.log(a);
var a = 2;
console.log(a);
var a;
console.log(a);
```

上述代码的运行结果，如图 4-43 所示。

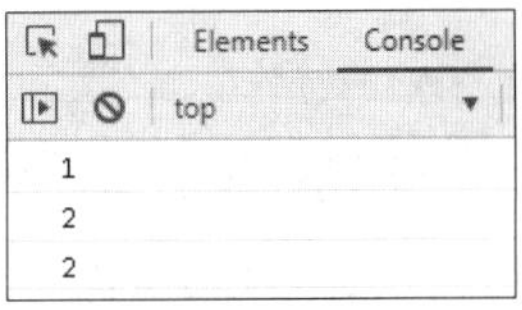

2．数据类型（undefined、null）

（1）当声明的变量未初始化时，该变量的默认值是 undefined。

```
var z;
console.log(z);
```

上述代码的运行结果，如图 4-44 所示。

图 4-43

（2）null 表示"空值"，可以通过设置值为 null 来清空对象。

```
var person = {name:"小明"};
person = null;
console.log(person);
```

上述代码的运行结果，如图 4-45 所示。

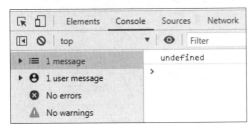

图 4-44

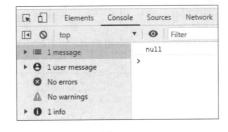

图 4-45

综上所述，第一个弹窗显示 Jack、第二个弹窗显示 Ben、第三个弹窗显示 undefined。

（三）参考答案：BC

4.3.7　2020 年-第 3 题

下列关于 JavaScript 中 return 的含义描述错误的是（　　　）。

A．return 可以将函数的结果返回给当前函数名

B．如果函数中没有 return，则返回 false

C．return 可以用来结束一个函数

D．return 只能返回一个值

（一）考核知识和技能

1．函数定义与调用

2．函数返回值

（二）解析

1．函数定义与调用

定义函数使用 function 关键字，其后是函数名和括号()，括号包含由逗号分隔的参数。

```
function func(a, b) {
    console.log(a * b);
}
```

使用函数名调用函数。

```
func(10,2);
```

上述代码的运行结果，如图 4-46 所示。

2．函数返回值

（1）在函数中可以添加 return 语句，return 语句的语法为 return [[expression]]。调用函数时，函数中 return 语句表达式的值会被返回，如果忽略表达式，则默认返回 undefined。

正常返回值：

```
function func(a, b) {
    var c = a * b;
    return c;
}
var result = func(7, 8);
console.log(result);
```

上述代码的运行结果，如图 4-47 所示。

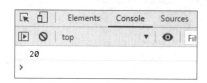

图 4-46

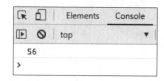

图 4-47

无返回值：

```
function func(a, b) {
    var c = a * b;
    return;
}
var result = func(7, 8);
console.log(result);
```

上述代码的运行结果，如图 4-48 所示。

（2）没有 return 语句的函数默认返回 undefined。

```
function func(a, b) {
    var c = a * b;
}
var result = func(7, 8);
console.log(result);
```

上述代码的运行结果，如图 4-49 所示。

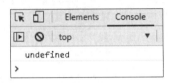

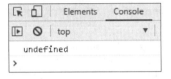

图 4-48   图 4-49

（3）return 语句还可以用于退出函数，停止 return 语句后续代码的执行。

```
function func(a, b) {
    console.log('func 函数被调用');
    return;
    console.log(a * b);
}
func(7, 8);
```

上述代码的运行结果，如图 4-50 所示。

图 4-50

综上所述，如果函数中没有 return 语句，则返回 undefined；return 语句的返回值可以是一个数组，数组中包含多个值，故选项 B 和 D 的说法不正确。

（三）参考答案：BD

4.3.8 2020 年-第 9 题

下面哪些是 JavaScript 中 document 对象的方法？（   ）

A．getElementById

B．getElementId

C．getElementsByTagName

D．getElementName

E．getElementsByClassName

（一）考核知识和技能

document 对象的方法

（二）解析

document 对象的方法获取文档元素。

```
document.getElementById(idName)              //通过 id 属性获取元素，返回一个元素对象
document.getElementsByName(name)             //通过 name 属性获取 id，返回元素对象数组
document.getElementsByClassName(className)   //通过 class 属性获取元素，返回元素对象数组
document.getElementsByTagName(tagName)       //通过标签名获取元素，返回元素对象数组
element.parentNode                           //返回当前元素的父节点对象
element.firstElementChild                    //获取指定元素下第一个子元素节点
element.lastElementChild                     //获取指定元素下最后一个子元素节点
```

综上所述，B 选项 getElementId 和 D 选项 getElementName 的写法有误，不属于 document 对象的方法。

（三）参考答案：ACE

4.3.9 2020 年-第 10 题

关于 alert()，错误的说法是（   ）。

A．alert()会弹出一个带有"确定"按钮和"取消"按钮的提示框

B．alert()不会影响页面中的其他代码执行

C．通常鼓励开发者频繁使用 alert()，便于引导用户操作网页

D．alert()只能显示纯文本

（一）考核知识和技能

1．BOM

2．alert()

（二）解析

1．BOM

window 对象：指当前的浏览器窗口，当前页面的顶层对象。

2．alert()

window.alert()：window 对象的方法，方法的参数是字符串。

作用：弹出对话框，只有一个"确定"按钮，用来通知信息。

```
window.alert("HelloWorld!");
```

上述代码的运行结果，如图 4-51 所示。

综上所述，alert()会弹出一个带有"确定"按钮的提示框，单击"确定"按钮后，这个提示框才会被取消。alert()会影响页面中的其他代码的执行，通常不鼓励开发者频繁使用 alert()，过多的弹窗会误导用户操作页面。

图 4-51

（三）参考答案：ABC

4.3.10 2021 年-第 3 题

下列关于 JavaScript 中 setInterval()含义描述正确的是（　　）。

A．设置 setInterval()通常只能让指定函数运行一次

B．setInterval()的时间单位为毫秒

C．setInterval()按照指定的周期调用函数或表达式

D．setInterval()与 setTimeout()是相同的方法，没有任何差异

（一）考核知识和技能

定时器

（二）解析

JavaScript 定时器有以下两个方法：

（1）setInterval()：周期性循环定时器，按照指定的周期（以毫秒计）调用函数或者计算表达式。该方法会不停地调用函数，直到 clearInterval()被调用或窗口被关闭，语法格式为 setInterval(code,millisec)。其中，code 为必须调用的函数；millisec 是周期性执行或者调用 code 之间的时间间隔，以毫秒计。

（2）setTimeout()：一次性定时器，在指定的毫秒数后调用函数或者计算表达式，语法格式为 setTimeout (code,millisec)。其中，code 为必须调用的函数；millisec 是周期性执行或调用 code 之间的时间间隔，以毫秒计。

（三）参考答案：BC

4.4 判断题

4.4.1 2019 年-第 1 题

JavaScript 中不区分整数和浮点数，统一用 number 表示。（　　）

（一）考核知识和技能

数据类型：数值（Number）

（二）解析

数值（Number）：JavaScript 中所有的数值类型均为浮点型，极大或极小的数字可以通

过科学记数法来书写。

综上所述，"JavaScript 中不区分整数和浮点数，统一用 number 表示"是正确的说法。

（三）参考答案：对

4.4.2 2019 年-第 5 题

JavaScript 中不必有明确的数据类型。（　　　）

（一）考核知识和技能

1．数据类型

2．typeof 运算符

3．instanceof 运算符

（二）解析

1．数据类型

JavaScript 变量有两种不同的数据类型：基本数据类型和引用数据类型，也被称作原始类型和对象类型。

（1）基本数据类型：Undefined、Boolean、Number、String、Null。

（2）引用数据类型：Function、Array、Object。

2．typeof 运算符

typeof 运算符用于返回变量或表达式的数据类型。typeof 运算符的示例代码如下：

```
var a1; //未赋值的变量，数据类型为 Undefined
console.log(typeof a1);
var a2 = true; //Boolean 类型
console.log(typeof a2);
var a3 = 3; //Number 类型
console.log(typeof a3);
var a4 = "hello"; //String 类型
console.log(typeof a4);
var a5 = null; //Null 类型表示一个空对象指针，所以会返回 object
console.log(typeof a5);
var a6 = function(){};
console.log(typeof a6); //Function 类型（函数是一个特殊的对象）
var a7 = new Array();
console.log(typeof a7); //Array 类型（数组是一个特殊的对象）
var a8 = {};
console.log(typeof a8); //Object 类型
```

上述代码的运行效果，如图 4-52 所示。

3．instanceof 运算符

typeof 运算符虽然对基本类型很有用，但对引用类型的用处不大。我们通常不关心一个值是不是对象，而是想知道它是什么类型的对象。为了解决这个问题，JavaScript 提供了 instanceof 运算符。如果变量是给定引用类型的实例，则 instanceof 运算符返回 true。示例代码如下：

```
console.log(a5 instanceof Object);
console.log(a6 instanceof Function);
console.log(a7 instanceof Array);
console.log(a8 instanceof Object);
```

上述代码的运行效果，如图 4-53 所示。

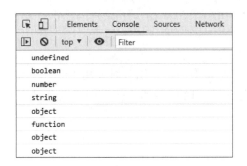

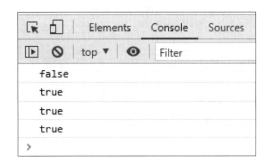

图 4-52

图 4-53

综上所述，JavaScript 中有明确的数据类型（基本数据类型和引用数据类型），只是在定义变量时不用限定变量的数据类型，统一用 var 关键字表示。

（三）参考答案：错

4.4.3 2020 年-第 1 题

JavaScript 是动态弱类型语言。（　　　）

（一）考核知识和技能

动态弱类型语言

（二）解析

编程语言可分为动态（弱）类型语言和静态（强）类型语言。

动态类型语言：在运行期间才检查变量的数据类型，在用动态类型语言编程时不用给变量指定数据类型。

静态类型语言：数据类型是在编译期间被检查的，在编程时需要声明变量的数据类型。

综上所述，由于 JavaScript 使用 var 关键字声明变量，不用指定变量的数据类型，因此 JavaScript 是动态弱类型语言。

（三）参考答案：对

4.4.4 2020 年-第 5 题

在 JavaScript 编码规范中，建议不在语句结束时使用 ";"。（　　　）

（一）考核知识和技能

JavaScript 编码规范

（二）解析

在 JavaScript 编码规范中，没有明确给出语句结束时加不加分号的相关建议。以下摘自编码规范相关内容，如图 4-54 所示。

7.9 自动分号插入

某些ECMAScript语句（空语句，变量语句，表达式语句，**do-while**语句，**continue**语句，**break**语句，**return**语句和**throw**语句）必须以分号终止。这样的分号可能总是显式地出现在源文本中。但是，为方便起见，在某些情况下可以从源文本中省略此类分号。通过说在这些情况下将分号自动插入到源代码令牌流中来描述这些情况。

图 4-54

综上所述，在 JavaScript 编码规范中，并没有建议不在语句结束时使用";"。语句结束时既可以写分号，也可以不写分号。如果没有写分号，JS 解释器将会自动插入分号。

（三）参考答案：错

第 5 章

jQuery

5.1 考点分析

理论卷中的 jQuery 相关试题的考核知识和技能如表 5-1 所示，2019 年至 2021 年三次考试中的 jQuery 相关试题的平均分值约为 10 分。

表 5-1

真题	题型			总分值	考核知识和技能
	单选题	多选题	判断题		
2019 年理论卷	3	2	0	10	元素选择器、id 选择器、类选择器、后代选择器、attr()、val()、text()、contains()、siblings()等
2020 年理论卷	4	2	0	12	元素选择器、id 选择器、类选择器、后代选择器、属性选择器、attr()、val()、text()、contains()、siblings()、hide()、show()等
2021 年理论卷	3	2	0	10	基础语法、选择器、DOM 操作、事件等

5.2 单选题

5.2.1 2019 年-第 5 题

<a href="**.jpg" title="大连">新闻</a>，获取 a 元素的 title 属性值的方法是（　　　）。

A．$("a").attr("title").val()　　　　　　B．$("#a").attr("title")

C．$("a").attr("title")　　　　　　　　　D．$("a").attr("title").value

（一）考核知识和技能

1．jQuery 语法

2．jQuery 选择器（元素选择器）

3．jQuery DOM 操作（attr()、val()）

（二）解析

1．jQuery 语法

jQuery 语法格式为$(selector).action()。其中，参数说明如下。

选择符$(selector)：查找 HTML 元素。

action()：执行对元素的操作。

2．jQuery 选择器（元素选择器）

元素选择器：根据给定的元素标签名匹配所有元素。

HTML 代码：

```
<div>DIV1</div>
<div>DIV2</div>
<span>SPAN</span>
```

jQuery 代码：

```
console.log($("div"));
```

3．jQuery DOM 操作（attr()、val()）

（1）attr()用于获取和设置 HTML 属性值。其语法格式为 attr(name|properties|key, value|fn)。

获取元素的属性：$(selector).attr('name');。

设置元素的属性：$(selector).attr(key, value);。

```
// 返回文档中所有图像的 src 属性值
$("img").attr("src");
//为所有图像设置 src 属性
$("img").attr("src","test.png");
//为所有图像设置 src 和 alt 属性
$("img").attr({ src: "test.png", alt: "Test Image" });
```

（2）val()用于获取和设置匹配表单元素的当前值。其语法格式为 val([val|fn|arr])。

其中，参数 arr 用于 check/select 的值。

获取表单元素的当前值：$(selector).val('name');。

设置表单元素的当前值：$(selector).val(key, value);。

综上所述，$("a").attr("title")可以获取 a 元素的 title 属性值。

（三）参考答案：C

5.2.2　2019 年-第 8 题

以下不是 jQuery 选择器的是（　　）。

A．类选择器　　　　B．元素选择器　　　C．后代选择器　　　D．自定义选择器

（一）考核知识和技能

jQuery 选择器

（二）解析

（1）元素选择器。

元素选择器根据给定的元素标签名匹配所有元素。

（2）类选择器：$(".class")。

类选择器根据给定的 CSS 类名匹配元素。

（3）后代选择器：$("ancestor 祖先 descendant 后代")。

后代选择器在给定的祖先元素下匹配所有的后代元素。

以下示例代码为找到表单中所有的 input 元素：

HTML 代码：

```
<form>
  <label>Name:</label>
  <input name="name" />
  <fieldset>
    <label>Newsletter:</label>
    <input name="newsletter" />
  </fieldset>
</form>
<input name="none" />
```

jQuery 代码：

```
console.log($("form input"));
$("form input").val('后代选择器');
```

综上所述，自定义选择器不属于 jQuery 选择器。

（三）参考答案：D

5.2.3　2019 年-第 30 题

以下选项中，可以根据包含文本匹配到指定元素的是（　　　　）。

A．text()　　　　　　B．contains()　　　　　C．input()　　　　　D．attr()

（一）考核知识和技能

1．text()方法

2．jQuery 选择器（$(":input")、$(":contains(text)")）

（二）解析

1．text()方法

text()方法的语法格式为 text([val|fn])。

作用：取得所有匹配元素的内容，即由所有匹配元素包含的文本内容组合起来的文本。这个方法对 HTML 和 XML 文档都有效。

2．jQuery 选择器（$(":input")、$(":contains(text)")）

（1）$(":input")：查找所有的 input 元素。

（2）$(":contains(text)")：选择器选取包含指定字符串的元素，参数 text 为要查找的字符串。该字符串可以是直接包含在元素中的文本，也可以是被包含于子元素中的文本。

以下示例代码为查找所有包含"John"的 div 元素：

HTML 代码：

```
<div>John Resig</div>
<div>George Martin</div>
```

```
<div>Malcom John Sinclair</div>
<div>J. Ohn</div>
```

jQuery 代码：

```
console.log($("div:contains('John')"));
```

上述代码的运行结果，如图 5-1 所示。

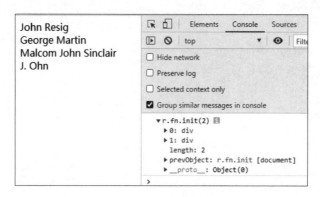

图 5-1

综上所述，可以根据包含文本匹配到指定元素的方法是 contains()。

（三）参考答案：B

5.2.4　2020 年-第 8 题

以下选项中，可以获取元素属性值的是（　　　）。

A．text()　　　　　　B．contains()　　　　　C．input()　　　　　D．attr()

（一）考核知识和技能

1．text()

2．contains()

3．attr()

（二）解析

1．text()

text()可以取得所有匹配元素的内容，即由所有匹配元素包含的文本内容组合起来的文本。

2．contains()

选择器选取包含指定字符串的元素，参数 text 为要查找的字符串。该字符串可以是直接包含在元素中的文本，也可以是被包含于子元素中的文本。

3．attr()

attr()用于设置或返回被选元素的属性和值。其语法格式为 attr(name|properties|key, value|fn)。

```
// 返回文档中所有图像的 src 属性值
$("img").attr("src");
//为所有图像设置 src 属性
$("img").attr("src","test.png");
//为所有图像设置 src 和 alt 属性
$("img").attr({ src: "test.png", alt: "Test Image" });
```

获取元素的属性：$(selector).attr('name');。

设置元素的属性：$(selector).attr(key, value);。

综上所述，可以获取元素属性值的是 attr()方法。

（三）参考答案：D

5.2.5　2020 年-第 14 题

以下为 jQuery 类选择器正确用法的是（　　）。

A．$("#test")　　　　B．$("#test div")　　　C．$(".test")　　　　D．$("class")

（一）考核知识和技能

1．jQuery 语法

2．jQuery 选择器

3．jQuery DOM 操作

（二）解析

1．jQuery 语法

jQuery 语法格式为$(selector).action()。其中，参数说明如下。

$(selector)：查找 HTML 元素。

action()：执行对元素的操作。

2．jQuery 选择器

（1）元素选择器：根据给定的元素标签名匹配所有元素。

```
//选取页面中的所有p元素，设置字体颜色为红色
```

HTML 代码：

```
<p>Hello World </p>
<p>Hello World </p>
```

jQuery 代码：

```
$("p").css("color","red");
```

（2）类选择器：选取带有指定类的元素。

HTML 代码：选取所有 class="intro"的元素，设置字体颜色为红色。

```
<p class="intro">HelloWorld</p>
<p>HelloWorld</p>
```

```
<p class="intro">HelloWorld</p>
```

jQuery 代码：

```
$(".intro").css("color","red");
```

（3）id 选择器：选取带有指定 id 的元素。

HTML 代码：选取 id="lastname"的元素，设置字体颜色为红色。

```
<p id="lastname">HelloWorld</p>
```

jQuery 代码：

```
$("#lastname").css("color","red");
```

（4）后代选择器：选取指定元素的所有后代元素。

HTML 代码：选取 id 为 box 的元素的所有后代 p 元素，设置字体颜色为红色。

```
<div id="box">
    <p>Hello</p>
    <div>
        <p>World</p>
    </div>
</div>
```

jQuery 代码：

```
$("#box p").css("color","red")
```

（5）属性选择器：选取带有指定属性和值的元素。

HTML 代码：选取所有带有 href 属性并且值等于"#"的元素，设置字体颜色为红色。

```
<a href="#">超链接</a>
```

jQuery 代码：

```
$("[href='#']").css("color","red");
```

3．jQuery DOM 操作

（1）attr()：获取或设置属性值。

HTML 代码：

```
<a class="a1" href="https://www.baidu.com">百度</a>
<a class="a2" href="#">腾讯</a>
```

jQuery 代码：

```
console.log($(".a1").attr("href"));
$(".a2").attr("href","https://www.qq.com");
```

页面代码效果，如图 5-2 所示。

控制台打印效果，如图 5-3 所示。

（2）val()：获取或设置表单字段的值。

HTML 代码：

```
<form>
    <input id="test1" value="123"/><br>
    <input id="test2" />
</form>
```

jQuery 代码：

```
console.log($("#test1").val());
$("#test2").val('456')
```

图 5-2

图 5-3

页面运行效果，如图 5-4 所示。

控制台打印效果，如图 5-5 所示。

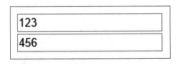

图 5-4

图 5-5

综上所述，$("class")不是正确的类选择器用法，$("#test")为 id 选择器，$("#test div")为后代选择器。

（三）参考答案：C

5.2.6　2020 年-第 17 题

<a id="img" href="**.jpg" title="大连">新闻</a>，获取 a 元素的 title 属性值的方法是（　　）。

A．$("img").attr("title").val()　　　　B．$("#img").attr("title")

C．$(".img").attr("title")　　　　　　D．$("href").attr("title").value

（一）考核知识和技能

1．jQuery 语法

2．jQuery 选择器

3．jQuery DOM 操作

（二）解析

1．jQuery 语法

jQuery 语法格式为$(selector).action()。

2．jQuery 选择器

（1）元素选择器：$("a")。

（2）id 选择器：$("#img")。

（3）属性选择器：$("[href='**.jpg']")、$("[title='大连']")。

3．jQuery DOM 操作

（1）attr()：获取或设置属性值。

（2）val()：获取或设置表单字段的值。

综上所述，获取 a 元素的 title 属性值的方法是$("#img").attr("title")。

（三）参考答案：B

5.2.7　2021 年-第 16 题

下列 jQuery 方法中，能够给 HTML 标签添加属性的是（　　）。

A．.attr　　　　　　B．.css　　　　　　C．.remark　　　　　　D．.click

（一）考核知识和技能

attr()方法

（二）解析

attr()方法用于设置或返回被选元素的属性和值。当该方法用于返回属性值时，则返回第一个匹配元素的值；当该方法用于设置属性值时，则为匹配元素设置一个或多个属性-值对。

返回属性的值：

```
$(selector).attr(attribute)
```

设置属性和值：

```
$(selector).attr(attribute,value)
```

实例：设置图像的 width 属性。

```
$("img").attr("width","500");
```

（三）参考答案：A

5.2.8　2021 年-第 22 题

以下为 jQuery id 选择器正确用法的是（　　）。

A．$("id")　　　　　B．$("div")　　　　　C．$(".test")　　　　　D．$("#buy")

（一）考核知识和技能

jQuery 选择器

（二）解析

jQuery 选择器实现基于元素、id、类等选择 HTML 元素。

1．元素选择器

jQuery 元素选择器基于元素名选取元素。

在页面中选取所有 p 元素：

```
$("p")
```

2．id 选择器

jQuery id 选择器通过 HTML 元素的 id 属性选取指定的元素。页面中元素的 id 是唯一的，在页面中选取唯一的元素时可以使用 id 选择器。

```
$("#test")      //test 为某个元素的 id
```

3．类选择器

jQuery 类选择器可以通过指定的 class 属性值查找元素。

```
$(".test")      //test 为 class 属性的值
```

（三）参考答案：D

5.2.9　2021 年-第 26 题

\<a class="bt" href="/buy " title="跳转">购买\</a>，使用 jQuery 获取 a 元素的 title 属性值的方法是（　　　）。

A．$(".bt").attr("title");　　　　　　　B．$("bt ").attr("title");

C．$("href").attr("title ").value;　　　D．$("#bt ").attr("title");

（一）考核知识和技能

1．类选择器

2．属性值的获取

（二）解析

（1）jQuery 类选择器可以通过指定的 class 属性值查找元素。

```
$(".test")      //test 为 class 属性的值
```

（2）attr()方法用于返回第一个匹配元素的值。

```
$(selector).attr(attribute)      //attribute 为元素的某个属性
```

（三）参考答案：A

5.3 多选题

5.3.1 2019 年-第 1 题

说明：2019 年多选题-第 1 题（初级）同 2020 年多选题-第 11 题（初级）类似，以此题为代表进行解析。

下列能弹出"标题 1"的 jQuery 代码是（　　　）。

```
<div id="box">
  <h2 class="top" name="header1">标题 1</h2>
</div>
```

A．alert($('#top1').text());
B．alert($('[name=header1]').text());
C．alert($("[name='header1']").text());
D．alert($('#header1').text());

（一）考核知识和技能

1．jQuery 选择器（id 选择器、属性选择器）

2．text()方法

（二）解析

1．jQuery 选择器（id 选择器、属性选择器）

（1）id 选择器：根据给定的 id 匹配元素，语法格式为$("#id")。
（2）属性选择器：匹配给定的属性是某个特定值的元素，语法格式为[attribute=value]。
属性包含选择器：[attribute *="value"]。
属性包含前缀选择器：[attribute ^="value"]。
属性包含后缀选择器：[attribute $="value"]。
属性包含单词选择器：[attribute~="value"]。

2．text()方法

text()方法的语法格式：text([val|fn])。

作用：取得所有匹配元素的内容，结果是由所有匹配元素包含的文本内容组合起来的文本。

HTML 代码：

```
<div id="test1">
      <p>HelloWorld</p>
</div>
<div id="test2">
</div>
```

jQuery 代码：

```
console.log($("#test1").text());
$("#test2").text('<p>HelloWorld</p>')
```

控制台打印效果，如图 5-6 所示。

页面运行效果，如图 5-7 所示。

Elements
Console
Sources
top
HelloWorld

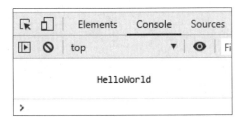

图 5-6

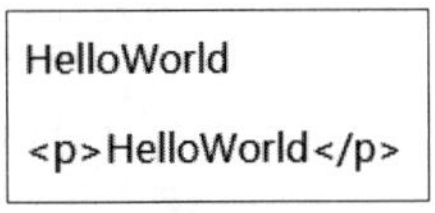
HelloWorld
<p>HelloWorld</p>

图 5-7

综上所述，能弹出“标题 1”的 jQuery 代码如下。

```
alert($('#top1').text()); //使用类选择器获取元素，使用 text()方法获取元素文本
alert($("[name='header1']").text()); //使用属性选择器获取元素，使用 text()方法获取元素文本
```

（三）参考答案：AC

5.3.2　2019 年-第 11 题

说明：2019 年多选题-第 11 题（初级）同 2020 年多选题-第 8 题（初级）类似，以此题为代表进行解析。

关于 jQuery 选择器，下列描述正确的是（　　）。

A．$(div span)表示匹配所有后代元素

B．$('div>span')表示匹配直接子元素

C．$('div + next')表示匹配紧接在 div 元素后的 next 元素

D．无法匹配元素的所有同辈元素

（一）考核知识和技能

1．jQuery 选择器

2．siblings()方法

（二）解析

1．jQuery 选择器

（1）后代选择器。

$("ancestor descendant")：匹配给定的祖先元素下的所有后代元素。

```
<h4>这个 div 元素有两个后代元素 p 和 span:</h4>
<div style="border:1px solid black;padding:10px;">
    <p>这是一个段落</p>
    <span>这是在 span 元素中的文本</span>
</div>
<h4>这个 div 元素也有两个后代元素 p 和 span:</h4>
<div style="border:1px solid black;padding:10px;">
```

```
<p>
    这是一个段落
    <span>这个 span 元素在 p 标签里面</span>
</p>
</div>
<script src="jquery.min.js"></script>
<script>
//给 div 元素的后代元素 span 添加黄色背景
$("div span").css("background-color","yellow");
</script>
```

上述代码的运行效果，如图 5-8 所示。

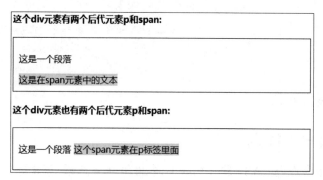

图 5-8

（2）子代选择器。

$("parent > child")：匹配给定的父元素下的所有直接子元素。

```
<h4>这个 div 元素有两个子元素 p 和 span:</h4>
<div style="border:1px solid black;padding:10px;">
    <p>这是一个段落</p>
    <span>这是在 span 元素中的文本</span>
</div>
<h4>这个 div 元素有一个子元素 p 和一个孙子元素 span:</h4>
<div style="border:1px solid black;padding:10px;">
    <p>
        这是一个段落
        <span>这个 span 元素在 p 标签里面</span>
    </p>
</div>
<script src="jquery.min.js"></script>
<script>
//给 div 元素的子元素 span 添加黄色背景
$("div>span").css("background-color","yellow");
</script>
```

上述代码的运行效果，如图 5-9 所示。

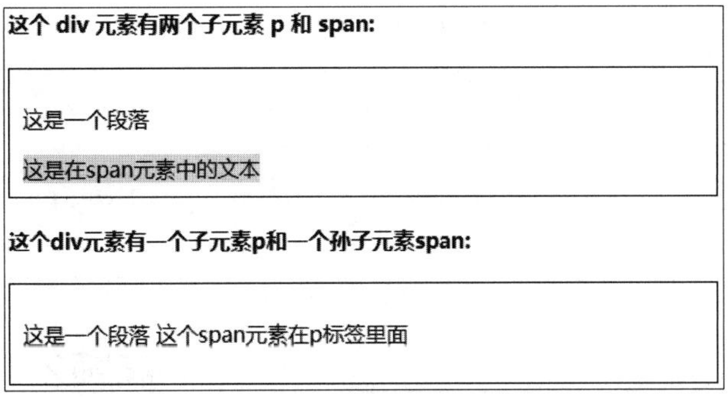

这个 div 元素有两个子元素 p 和 span：

> 这是一个段落
> 这是在span元素中的文本

这个div元素有一个子元素p和一个孙子元素span：

> 这是一个段落 这个span元素在p标签里面

图 5-9

（3）相邻选择器。

$("prev + next")：匹配所有紧接在 prev 元素后的 next 元素。

```
<div style="border:1px solid black;padding:10px;">
    这个是 div 元素
</div>
<p>这个 p 元素是 div 元素的下一个元素</p>
<p>这是另外一个 p 元素</p>
<div style="border:1px solid black;padding:10px;">
  <p>这是在 div 元素中的 p 元素</p>
</div>
<h2>这是在 div 元素后的标题</h2>
<p>这是一个 p 元素（这个 p 元素不会被选取，因为以上的 h2 元素是 div 的下一个元素）。</p>
<script src="jquery.min.js"></script>
<script>
//获取所有紧接着 div 元素后的 p 元素，并设置背景颜色为黄色
$("div+p").css("background-color","yellow");
</script>
```

上述代码的运行效果，如图 5-10 所示。

2．siblings()方法

siblings()方法用于取得一个包含匹配的元素集合中每一个元素的所有同辈元素的集合。

```
<h2>标题 1</h2>
<p>段落 1 段落 1 段落 1 段落 1 段落 1</p>
<div>
    <h2>标题 2</h2>
    <p>段落 2 段落 2 段落 2 段落 2 段落 2</p>
</div>
<p>段落 3 段落 3 段落 3 段落 3 段落 3</p>
<script src="jquery.min.js"></script>
<script>
//找到 div 元素的所有同辈元素，并设置字体颜色为红色
$("div").siblings().css('color', 'red');
</script>
```

上述代码的运行效果，如图 5-11 所示。

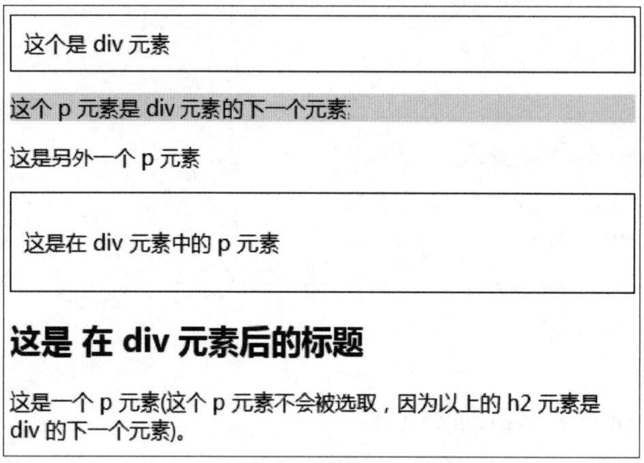

图 5-10

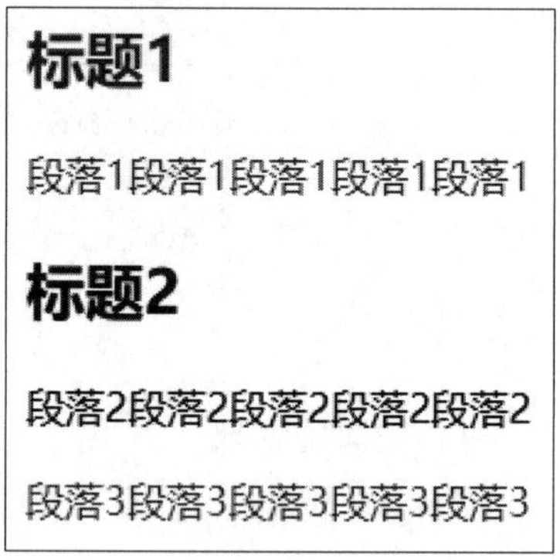

图 5-11

综上所述，$("div span")表示匹配给定的 div 元素下的所有后代元素 span，并且在使用 jQuery 选择器的时候，需要加上单引号或双引号；可以使用 siblings()方法匹配元素的所有同辈元素，A、D 选项描述不正确。

（三）参考答案：BC

5.3.3　2021 年-第 10 题

关于 jQuery 的选择器，下列描述错误的是（　　　）。

A. $('.test')表示选择所有 class="test"的标签

B. $('#span')表示选择所有的<span>标签

C. $('form + span')表示匹配紧接在 form 元素后的 span 元素

D. $('.one')只可能选择一个元素

（一）考核知识和技能

jQuery 选择器

（二）解析

jQuery 选择器允许对 HTML 元素组或单个元素进行操作。jQuery 选择器基于元素的 id、类、类型、属性、属性值等查找（或选择）HTML 元素。除已经存在的 CSS 选择器外，jQuery 还有一些自定义的选择器。

jQuery 中所有选择器都以美元符号开头：$()。

（1）基本选择器。

```
$("#test")                 //选取 id 为 test 的元素，id 是唯一的，所以返回单个元素
$("div")                   //选取所有的 div 元素，返回 div 元素数组
$(".myclass")              //选取使用 myclass 类的所有元素
$("*")                     //选取所有元素
$("#test,div,.myclass")    //选取多个元素
```

（2）层次选择器。

```
$("div span")                    //选取 div 元素里的所有 span 元素
$("div >span")                   //选取 div 元素下元素名是 span 的子元素
$("#one +div")                   //选取 id 为 one 的元素的下一个 div 同辈元素
$("#one").next("div")            //与上一个选择器相同
$("#one~div")                    //选取 id 为 one 的元素后面的所有 div 同辈元素
$("#one").nextAll("div")         //与上一个选择器相同
$("#one").siblings("div")        //获取 id 为 one 的元素的所有 div 同辈元素（不管前后）
$("#one").prev("div")            //获取 id 为 one 的元素的前面紧邻的 div 同辈元素
```

（3）基本过滤选择器。

```
$("div:first")                   //选取所有 div 元素中的第 1 个 div 元素
$("div:last")                    //选取所有 div 元素中的最后一个 div 元素
$("input:not(.myClass)")         //选取 class 不是 myClass 的 input 元素
$("input:even")                  //选取索引是偶数的 input 元素（索引从 0 开始）
$("input:odd")                   //选取索引是奇数的 input 元素（索引从 0 开始）
$("input:eq(2)")                 //选取索引等于 2 的 input 元素
$("input:gt(4)")                 //选取索引大于 4 的 input 元素
$("input:lt(4)")                 //选取索引小于 4 的 input 元素
$(":header")                     //过滤掉所有标题元素，例如：h1、h2、h3 等
$("div:animated")                //选取正在执行动画的 div 元素
$(":focus")                      //选取当前获取焦点的元素
```

（4）内容过滤选择器。

```
$("div:contains('Name')")        //选取所有 div 元素中含有'Name'文本的元素
$("div:empty")                   //选取不包含子元素（包括文本元素）的空 div 元素
$("div:has(p)")                  //选取所有含有 p 元素的 div 元素
$("div:parent")                  //选取拥有子元素的（包括文本元素）的 div 元素
```

（5）可见性过滤选择器。

```
$("div:hidden")                  //选取所有不可见的 div 元素
$("div:visible")                 //选取所有可见的 div 元素
```

（6）属性过滤选择器。

```
$("div[id]")                     //选取所有拥有 id 属性的元素
$("input[name='test']")          //选取所有的 name 属性等于'test'的 input 元素
$("input[name!='test']")         //选取所有的 name 属性不等于'test'的 input 元素
$("input[name^='news']")         //选取所有的 name 属性以'news'开头的 input 元素
$("input[name$='news']")         //选取所有的 name 属性以'news'结尾的 input 元素
$("input[name*='news']")         //选取所有的 name 属性包含'news'的 input 元素
$("div[title|='en']")            //选取 title 属性值等于'en'或以'en'为前缀（该字符串后跟
一个连字符'-'）的 div 元素
$("div[title~='en']")            //选取 title 属性用空格分隔的值中包含字符 en 的 div 元素
$("div[id][title$='test']")      //选取拥有 id 属性，并且 title 属性值以'test'结束的 div
元素
```

（7）子元素过滤选择器。

```
$("div .one:nth-child(2)")     //选取 class 为 one 的 div 父元素下的第 2 个子元素
$("div span:first-child")      //选取每个 div 元素中的第 1 个 span 元素
$("div span:last-child")       //选取每个 div 元素中的最后一个 span 元素
$("div button:only-child")     //选取在 div 元素中是唯一子元素的 button 元素
```

（8）表单对象属性过滤选择器。

```
$("#form1 :enabled")           //选取 id 为 form1 的表单内的所有可用元素
$("#form2 :disabled")          //选取 id 为 form2 的表单内的所有不可用元素
$("input :checked")            //选取所有被选中的 input 元素
$("select option:selected")    //选取所有 select 元素的子元素中被选中的元素
```

（9）表单选择器。

```
$(":input")                    //选取所有 input、textarea、select 和 button 元素
$(":text")                     //选取所有的单行文本框
```

（三）参考答案：BCD

5.3.4　2021 年-第 13 题

下列关于 jQuery 事件描述正确的是（　　）。

A．click 事件是鼠标单击事件

B．hover 事件是鼠标悬停事件

C．keydown 事件是鼠标左键按下事件

D．mouseleave 事件是鼠标移动离开事件

（一）考核知识和技能

1．jQuery 事件

2．简写事件方法

（二）解析

1．jQuery 事件

（1）click 事件：当单击元素时，会发生单击事件。当鼠标指针停留在元素上方，然后按下并松开鼠标左键时，就会发生一次单击。

（2）hover 事件：hover(over,out) 是一个模仿悬停事件（鼠标指针移动到一个对象上面及移出这个对象）的方法。当鼠标指针移动到一个匹配的元素上面时，会触发指定的第一个函数，当鼠标指针移出这个元素时，会触发指定的第二个函数。

（3）keydown 事件：当键盘键被按下时触发 keydown 事件，按所有键都能触发该事件。当键盘键被松开时触发 keyup 事件。

（4）mouseleave 事件：当鼠标指针离开被选元素时，会发生鼠标离开事件。与 mouseout 事件不同，mouseleave 事件只在鼠标指针离开被选元素时被触发，mouseout 事件在鼠标指针离开任意子元素时也会被触发。

2．简写事件方法

由于为某个事件绑定处理程序极为常用，jQuery 提供了一种简化事件操作的方式——简写事件方法。简写事件方法的原理与对应的 on()方法调用相同，可以减少一定的代码输入量。示例代码如下：

```
<button id="btn1">按钮 1</button>
<button id="btn2">按钮 2</button>
<script src="jquery.min.js"></script>
<script>
//给按钮 1 绑定单击事件，单击时执行事件处理程序
$('#btn1').on('click',function(){
    console.log("单击了按钮 1");
})
//给按钮 2 绑定单击事件，单击时执行事件处理程序
$('#btn2').click(function(){
    console.log("单击了按钮 2");
})
</script>
```

综上所述，keydown 事件不是鼠标左键按下事件，而是键盘键按下事件，按键盘的所有键都会触发该事件。

（三）参考答案：ABD

第6章
2019 年实操试卷

6.1 试题一

6.1.1 题干和问题

阅读下列说明、效果图，打开"考生文件夹\60001\news"文件夹中的文件，阅读 HTML 代码，进行静态网页开发，在第（1）至（10）空处填写正确的代码，操作完成后保存文件。

【说明】

这是某新闻网站首页的局部效果。现在我们需要编写实现该页面效果图的部分代码。

项目名称为 news，包含首页文件 index.html、img 文件夹，其中 img 文件夹包含 42.jpg 和 43.jpg 图片文件。单击"武汉新闻"链接，会跳转到页面下方的武汉新闻的位置，单击 "回到顶部"按钮会返回到页面顶部。页面效果如图 6-1 所示。

【效果图】

图 6-1

【问题】（20 分，每空 2 分）

打开"考生文件夹\60001\news"文件夹中的文件"index.html"，进行静态网页开发，补全代码，在第（1）至（10）空处填入正确的内容，完成后保存文件。

注意：除删除编号（1）至（10）并填入正确的内容外，不能修改或删除文件中的其他任何内容。

index.html 文件代码：

```
<!DOCTYPE html>
<html>
    <head>
        <meta charset="UTF-8" />
        < （1）>新闻</ （1） >  <!--网页标题--> <!--第（1）空-->
    </head>
    <body>
        <!--< （2） id="top">这是一个新闻网站</ （2） >-->
        < （2） id="top">这是一个新闻网站</ （2） >  <!--使用标题1-->
        <p>
        <!--<a href=" （3） ">湖北新闻</a>-->
        <!--<a href=" （4） ">武汉新闻</a>-->
            <a href=" （3） ">湖北新闻</a> <!--使用锚点链接，跳转到湖北新闻-->
            <a href=" （4） ">武汉新闻</a> <!--使用锚点链接，跳转到武汉新闻-->
        </p>
        <!--使用表格元素-->
        < （5） border="1" id="hubei" cellpadding="0" cellspacing="0"><!--第（5）
空-->
                < （6） >   <!--表格行--><!--第（6）空-->
                <td><span>湖北日报: 2022/08/24</span></td>
                </ （6） > <!--第（6）空-->
                < （6） > <!--第（6）空-->
                <td>
                    <p>湖北日报讯下<br/>2012 年，我省高速公路里程 4006 公里，到 2021 年，
我省高速公路里程 7378 公里，比 10 年前增长 84.2%。2012 年至 2021 年，我省建成 75 条高速公
路、总投资 3709 亿元。湖北高速服务区从 26 对增加至 187 对，不停车通行的 ETC 车道增至 1566
条。开车从家门口出发，踩一脚油门跑遍全省。湖北四通八达的高速公路网，成为便利群众出行、支
撑起活力四射经济往来的康庄大道。省交通运输厅统计显示，从 2012 年到 2021 年的 10 年里，我省
高速公路里程从 4006 公里延伸至 7378 公里，并实现历史性的"县县通高速"，通车里程跃居全国第
七、中部第一。</p>
                    <!--< （7） src="img/42.jpg" alt="" width="600px" height=
"400px">-->
                    < （7） src="img/42.jpg" alt="" width="600px" height="400px">
                </td>
                </ （6） > <!--第（6）空-->
                < （6）  id="wuhan"><!--第（6）空-->
                <td><span>武汉日报: 2022/08/15</span></td>
                </ （6） > <!--第（6）空-->
                < （6） > <!--第（6）空-->
```

```
            <td>
                <p>武汉日报讯下<br/>潴洋海湿地公园位于武汉市江夏区，是湖北省的省级湿
地公园，与梁子湖一衣带水、阡陌相连。夏日的潴洋海湿地公园，天高云阔，候鸟翔集。近日，武汉市
观鸟协会在潴洋海湿地开展鸟类观察时看到了青头潜鸭、水雉、须浮鸥等众多鸟类，它们或展翅高飞，
或驻足休憩，千姿百态，生机勃勃。</p>
                    <!--<　（ 7 ）　src="img/43.jpg"　alt=""　width="600px"
height="380px"> <br>-->
                    <　（ 7 ）　　　　　src="img/43.jpg"　alt=""　width="600px"
height="380px"> <br>
            </td>
        </ （6）> <!--第（6）空-->
    </　（5）　><!--第（5）空-->
    <　（8）　/>　<!--插入水平线--> <!--第（8）空-->
    <!--<a href="　（9）　"><　（10）　>回到顶部</　（10）　></a>-->
    <a href="　（9）　"><　（10）　>回到顶部</　（10）　></a>
    </body>
</html>
```

6.1.2 考核知识和技能

（1）HTML 基本结构。

（2）标题标签。

（3）水平线标签。

（4）图像标签。

（5）表格标签。

（6）按钮标签。

（7）超链接标签。

6.1.3 index.html 文件【第（1）空】

此空考查 HTML 基本结构：<title>标签。

1．HTML4 基本结构

```
<!--1.HTML4 声明-->
<!DOCTYPE HTML PUBLIC "-//W3C//DTD HTML 4.01 Transitional
//EN" "http://www.w3.org/TR/html4/loose.dtd">
<!--2.html 标签-->
<html>
    <!--3.html 头部-->
    <head>
        <meta charset="UTF-8" />
        <!--title 标签，用于设置网页的标题-->
        <title>标题</title>
    </head>
    <!--4.html 内容-->
```

```
    <body>
    </body>
</html>
```

2. HTML5 基本结构

```
<!--1.HTML5 声明-->
<!DOCTYPE html>
<!--2.html 标签-->
<html>
    <!--3.html 头部-->
    <head>
        <meta charset="UTF-8" />
        <!--title 标签，用于设置网页的标题-->
        <title>标题</title>
    </head>
    <!--4.html 内容-->
    <body>
    </body>
</html>
```

综上所述，第（1）空填写 title。

6.1.4　index.html 文件【第（2）空】

此空考查标题标签。

（1）HTML 页面中的标题通过<h1>至<h6>标签来设置，数字越大，显示的标题越小。

（2）<h1>标签定义最大的标题，<h6>标签定义最小的标题。

```
<h1>一级标题</h1>
<h2>二级标题</h2>
<h3>三级标题</h3>
<h4>四级标题</h4>
<h5>五级标题</h5>
<h6>六级标题</h6>
```

综上所述，第（2）空填写 h1。

6.1.5　index.html 文件【第（5）、（6）空】

第（5）、（6）空考查表格标签。

（1）题目页面中第二部分的网页结构图如图 6-2 所示。

（2）HTML 表格由<table>标签定义，每个表格由若干行组成（行由<tr>标签定义），每行由若干单元格组成（单元格由<td>标签定义），单元格内容可以包含文本、图片、列表、段落等。HTML 表格的相关标签和描述如表 6-1 所示。

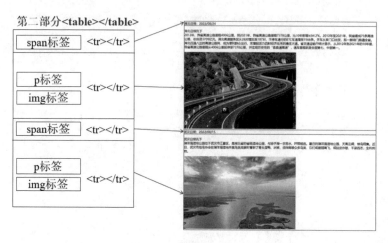

图 6-2

表 6-1

标签	描述
\<table>\</table>	定义表格
\<tr>\</tr>	定义表格的行
\<th>\</th>	定义表头单元格
\<td>\</td>	定义标准单元格

（3）表格标签\<table>可选的属性及描述如表 6-2 所示。

表 6-2

属性	描述
border	表格边框的宽度
cellpadding	单元边沿与其内容之间的空白
cellspacing	单元格之间的空白

表格的示例代码如下：

```
<table border="1" cellpadding="0" cellspacing="0">
    <tr>
        <th>第一行第一列表头</th>
        <th>第一行第二列表头</th>
    </tr>
    <tr>
        <td>第二行第一列单元格</td>
        <td>第二行第二列单元格</td>
    <tr>
    <tr>
        <td>第三行第一列单元格</td>
        <td>第三行第二列单元格</td>
    <tr>
</table>
```

综上所述，第（5）空填写 table，第（6）空填写 tr。

6.1.6　index.html 文件【第（7）空】

此空考查图像标签。在 HTML 中，图像由<img>标签定义。

```
<img src="" alt=""/>
```

（1）src 属性：要在页面上显示图像，需要使用 src 属性，src 属性的值是图像的 URL。

（2）alt 属性：如果无法显示图像，那么浏览器将显示 alt 属性中的替代文本。

图像标签的示例代码如下，运行效果如图 6-3 所示。

```
<body>
    <img src="img/img1.png"/> <!-- 图像正常显示 -->
    <img src="img/img2.png" alt="一杯咖啡"/> <!-- 图像无法显示，显示替代文本 -->
</body>
```

图 6-3

综上所述，第（7）空填写 img。

6.1.7　index.html 文件【第（3）、（4）、（9）空】

第（3）、（4）、（9）空考查超链接标签。

1．题目分析

单击"湖北新闻"链接，跳转到页面下方的湖北新闻的位置；单击"武汉新闻"链接，跳转到页面下方的武汉新闻的位置；单击"返回顶部"按钮，返回到页面顶部。

2．超链接标签

在 HTML 中，由<a>标签定义超链接。

```
<a href="value">链接文本</a>
```

其中，href 属性用于指定超链接目标的 URL。href 属性可能的值如下。

（1）绝对 URL：指向另一个站点（如 href="http://www.example.com/index.html"）。

（2）相对 URL：指向站点内的某个文件（如 href="index.html"）。

（3）锚 URL：指向页面中的锚，格式为"#+标签 id"（如 href="#top"）。

综上所述，第（3）空填写#hubei，第（4）空填写#wuhan，第（9）空填写#top。

6.1.8　index.html 文件【第（10）空】

此空考查按钮标签。

（1）<button>标签用于定义一个按钮，<button></button>标签之间的所有内容都是按钮的内容，可以是文本或图像等。type 属性用于规定按钮的类型，其属性值有：button、reset、submit，W3C 规范默认为 type="submit"。

```
<button>按钮 1</button>
<button type="button">按钮 2</button>
```

（2）<button>标签与<input type="button">标签相比，提供了更强大的功能和更丰富的内容。

综上所述，第（10）空填写 button。

6.1.9　index.html 文件【第（8）空】

此空考查水平线标签。

1．题目分析

演示效果如图 6-4 所示。

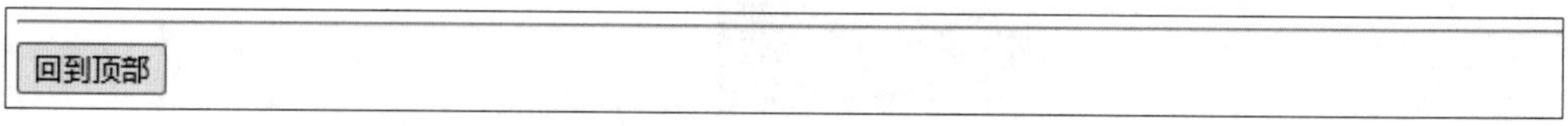

| 回到顶部 |

图 6-4

2．水平线标签

```
<hr />
```

<hr>标签在 HTML 页面中创建一条水平线，水平分隔线在视觉上将文档分隔成各个部分。

综上所述，第（8）空填写 hr。

6.1.10　参考答案

本题参考答案如表 6-3 所示。

表 6-3

小题编号	参考答案
1	title
2	h1
3	#hubei
4	#wuhan
5	table
6	tr

续表

小题编号	参考答案
7	img
8	hr
9	#top
10	button

6.2 试题二

6.2.1 题干和问题

阅读下列说明、效果图,打开"考生文件夹\60002\shopping"文件夹中的文件,阅读 HTML 代码,进行静态网页开发,在第(1)至(14)空处填写正确的代码,操作完成后保存文件。

【说明】

这是某购物网站首页页面的局部效果。当鼠标指针悬停在导航文字上时,背景色会变为红色。现在我们需要编写实现该页面效果图的部分代码。

项目名称为 shopping,包含首页文件 index.html、img 文件夹和 css 文件夹,其中 img 文件夹包含 41.jpg、42.jpg、43.jpg 和 banner.jpg 图片文件,css 文件夹包含 style.css 文件。页面效果如图 6-5 和图 6-6 所示。

【效果图】

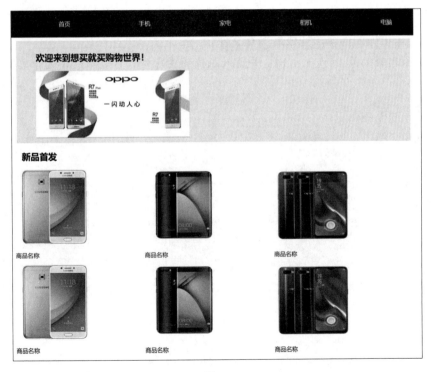

图 6-5

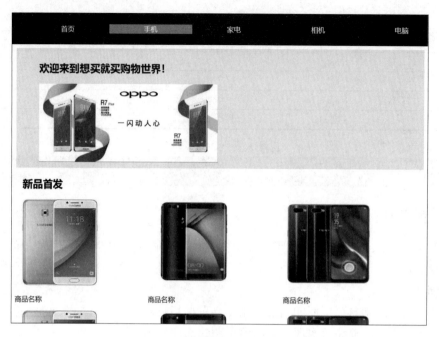

图 6-6

【问题】（28 分，每空 2 分）

进行静态网页开发，补全代码：

（1）打开"考生文件夹\60002\shopping"文件夹中的文件"index.html"，在第（1）至（5）空处填入正确的内容，完成后保存文件。

（2）打开"考生文件夹\60002\shopping\css"文件夹中的文件"style.css"，在第（6）至（14）空处填入正确的内容，完成后保存文件。

注意：除删除编号（1）至（14）并填入正确的内容外，不能修改或删除文件中的其他任何内容。

index.html 文件代码：

```
<!DOCTYPE html>
<html>
    <head>
        <meta charset="UTF-8">
        <title>购物世界</title>
        <!--< （1） rel="stylesheet" type="text/css" href="./css/style.css"/>-->
        < （1） rel="stylesheet" type="text/css" href="./css/style.css"/>
    </head>
    <body>
        <!--<div  （2） ="top">
            < （3）    （4） ="topList">-->
        <div  （2） ="top">
            < （3）（4） ="topList"><!--无序列表-->
                <li><a href="">首页</a></li>
                <li><a href="">手机</a></li>
```

```
            <li><a href="">家电</a></li>
            <li><a href="">相机</a></li>
            <li><a href="">电脑</a></li>
        </（3）><!--第（3）空-->
    </div>
    <div id="content">
        <div class="left_side">
            <div class="top_pic">
                <h2>欢迎来到想买就买购物世界！</h2>
                <!--<img （5）="img/banner.jpg"/>-->
                <img （5）="img/banner.jpg"/>
            </div>
        </div>
    </div>
    <div id="products">
        <h2>新品首发</h2>
        <div>
            <!--<img （5）="img/41.jpg"/>-->
            <img （5）="img/41.jpg"/>
            <a href="#"><p>商品名称</p></a>
        </div>
        <div>
            <!--<img （5）="img/42.jpg"/>-->
            <img （5）="img/42.jpg"/>
            <a href="#"><p>商品名称</p></a>
        </div>
        <div>
            <!--<img （5）="img/43.jpg"/>-->
            <img （5）="img/43.jpg"/>
            <a href="#"><p>商品名称</p></a>
        </div>
        <div>
            <!--<img （5）="img/41.jpg"/>-->
            <img （5）="img/41.jpg"/>
            <a href="#"><p>商品名称</p></a>
        </div>
        <div>
            <!--<img （5）="img/42.jpg"/>-->
            <img （5）="img/42.jpg"/>
            <a href="#"><p>商品名称</p></a>
        </div>
        <div>
            <!--<img （5）="img/43.jpg"/>-->
            <img （5）="img/43.jpg"/>
            <a href="#"><p>商品名称</p></a>
        </div>
    </div>
</div>
```

```
        </body>
</html>
```

css/style.css 文件代码：

```
body{
    font-size: 18px;
    margin: 0;
    padding: 0;
}
li{   (6)  ;} /*清除 li 默认样式*/ /*第（6）空*/
a{   (7)  ;} /*清除超链接的下画线*/ /*第（7）空*/
img{max-width: 100%;}
#top{
    padding: 10px 0;
    width:100%;
    background-color: #222;
}
.topList{
     (8)  ;  /*显示为表格*/ /*第（8）空*/
    width:100%;
}
.topList li{display:  (9)  ;}  /*显示为表格单元格*/ /*第（9）空*/
.topList li>a{
    display: block;
    text-align: center;
    color: white;
}
 (10)  {   /*设置鼠标悬停状态 伪类*/ /*第（10）空*/
    background: #990000;
}
#content{
    width: 100%;
    margin: 10px 0 20px 0;
     (11)  ; /*设置溢出隐藏*/ /*第（11）空*/
}
.left_side{
     (12)  ; /*设置左浮动*/ /*第（12）空*/
    width: 98%;
    margin-left: 1.2%;
}
.top_pic{
     (13)  ; /*设置内填充上下为 10px 左右为 60px*/ /*第（13）空*/
    background-color: #eee;
}
.top_pic img{height: 200px;}
#products h2{padding-left: 30px;}
#products div{
    width:30%;
```

```
        display: inline-block;
        padding: 0 10px;
    }
    #products img{  （14） ;} /*设置图片的宽度为240px 高度为220px*/ /*第（14）空*/
```

6.2.2　考核知识和技能

（1）HTML 全局属性。

（2）无序列表。

（3）图像标签。

（4）CSS 样式表的引入方式。

（5）CSS 选择器。

（6）列表样式。

（7）文本样式。

（8）盒模型。

（9）表格布局

（10）float 属性。

（11）overflow 属性。

6.2.3　index.html 文件【第（1）空】

此空考查 CSS 样式表的引入方式。

（1）外部样式表的引入。

```
<!--引入外部样式表-->
<head>
    <link rel="stylesheet" type="text/css" href="style.css">
</head>
```

（2）内部样式表的引入。

```
<!--引入内部样式表-->
<head>
    <style type="text/css">
        body {background-color: white}
    </style>
</head>
```

（3）内联样式表的引入。

```
<!--引入内联样式表-->
<p style="color: red">XXXX</p>
```

综上所述，第（1）空填写 link。

6.2.4　index.html 文件【第（2）、（4）空】

第（2）、（4）空考查 HTML 全局属性和 CSS 选择器。

（1）导航栏采用的表格布局如图 6-7 所示。

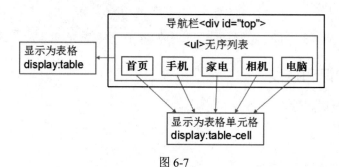

图 6-7

（2）观察 css/style.css 文件的如下部分代码可知第（2）空应填 id，第（4）空应填 class。

```
#top{
    padding: 10px 0;
    width:100%;
    background-color: #222;
}
.topList{
    （8） ; /*显示为表格*/ /*第（8）空*/
    width:100%;
}
```

（3）HTML 全局属性。

① id 属性：规定元素的唯一 id。

② class 属性：规定元素的一个或多个类名（引用样式表中的类）。

（4）CSS 选择器。

① "#"表示 id 选择器。

② "."表示类选择器。

综上所述，第（2）空填写 id，第（4）空填写 class。

6.2.5　index.html 文件【第（3）空】

此空考查无序列表。

HTML 无序列表：\<ul>标签定义无序列表，\<li>标签定义列表项目。

```
<ul><!--无序列表-->
 <li>列表项一</li><!--列表项目-->
 <li>列表项二</li>
 <li>列表项三</li>
</ul>
```

综上所述，第（3）空填写 ul。

6.2.6　index.html 文件【第（5）空】

此空考查图像标签。

（1）海报图采用的浮动布局如图 6-8 所示。

图 6-8

（2）在 HTML 中，图像由<img>标签定义。

```
<img src="" alt=""/>
```

① src 属性：要在页面上显示图像，需要使用 src 属性，src 属性的值是图像的 URL。
② alt 属性：如果无法显示图像，那么浏览器将显示 alt 属性中的替代文本。
综上所述，第（5）空填写 src。

6.2.7　css/style.css 文件【第（6）、（7）空】

第（6）、（7）空考查列表样式和文本样式。
（1）设置 body 元素选择器的 CSS 样式，相当于执行 CSS 样式初始化。一般网站都有初始化做法，这么做的原因有以下两个。
① 在不同浏览器中，某些标签的默认属性值是不同的，CSS 初始化可以消除浏览器之间的页面差异。
② 统一整个网页内的元素的风格和样式。
（2）第（6）空处的文字提示清除 li 默认样式，对应的是 list-style 属性。list-style 属性是一个简写属性，其他的列表样式属性如下。
① list-style-type：设置列表项标记的类型。
② list-style-position：设置在何处放置列表项标记。
③ list-style-image：使用图像替换列表项标记。
④ inherit：规定从父元素继承 list-style 属性的值。

```
/*清除 li 默认样式*/
list-style-type:none
list-style:none/*简写*/
```

（3）第（7）空处的文字提示清除超链接的下画线，对应的是 text-decoration 属性。text-decoration 属性用于规定添加到文本的修饰，text-decoration 属性值及描述如表 6-4 所示。

表 6-4

属性值	描述
none	默认值。定义标准的文本
underline	定义文本下的一条线

续表

属性值	描述
overline	定义文本上的一条线
line-through	定义穿过文本的一条线
blink	定义闪烁的文本
inherit	规定从父元素继承 text-decoration 属性的值

综上所述，第（6）空填写 list-style-type: none 或 list-style: none，第（7）空填写 text-decoration: none。

6.2.8　css/style.css 文件【第（8）、（9）空】

第（8）、（9）空考查表格布局。

（1）导航栏的 HTML 代码如下。

```
<ul class ="topList">
    <li><a href="">首页</a></li>
    <li><a href="">手机</a></li>
    <li><a href="">家电</a></li>
    <li><a href="">相机</a></li>
    <li><a href="">电脑</a></li>
</ul>
```

导航栏的显示效果如图 6-9 所示。

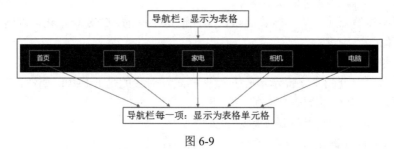

图 6-9

（2）表格布局的设置如下。

① display:table 设置元素作为块级表格来显示（类似<table>标签）。

② display:table-row 设置元素作为一个表格行来显示（类似<tr>标签）。

③ display:table-cell 设置元素作为一个表格单元格来显示（类似<td>和<th>标签）。

HTML 代码：

```
<div class="table"><!--表格-->
    <div class="row"><!--表格第一行-->
        <div class="cell">第一行第一列</div>
        <div class="cell">第一行第二列</div>
    </div>
    <div class="row"><!--表格第二行-->
        <div class="cell">第二行第一列</div>
        <div class="cell">第二行第二列</div>
```

```
    </div>
</div>
```

CSS 代码：

```
.table {
    display: table;
}
.row {
    display: table-row;
}
.cell {
    display: table-cell;
}
```

综上所述，第（8）空填写 display: table，第（9）空填写 table-cell。

6.2.9　css/style.css 文件【第（10）空】

此空考查 CSS 选择器。

（1）显示效果如图 6-10 所示。

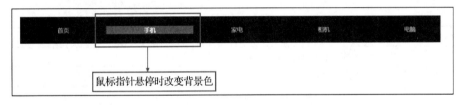

图 6-10

（2）CSS 选择器用于选择元素。

```
.intro {color:#FF0000;} /*class 选择器，选择所有 class="intro"的元素 */
p {color:#FF0000;} /* 元素选择器，选择所有 p 元素 */
div p {color:#FF0000;} /* 后代选择器，选择 div 元素内的所有 p 元素 */
div>p {color:#FF0000;} /* 子代选择器，选择所有父级元素是 div 元素的 p 元素 */
```

（3）CSS 伪类用于添加一些选择器的特殊效果，链接的不同状态都可以以不同的方式显示。

```
a:link {color:#FF0000;} /* 未访问的链接 */
a:visited {color:#00FF00;} /* 已访问的链接 */
a:hover {color:#FF00FF;} /* 鼠标指针划过的链接 */
a:active {color:#0000FF;} /* 已选中的链接 */
```

综上所述，第（10）空填写.topList li>a:hover 或.topList li a:hover 或 li>a:hover 或 li a:hover。

6.2.10　css/style.css 文件【第（11）、（12）空】

第（11）、（12）空考查 CSS float 属性和 CSS overflow 属性。

（1）float 属性定义元素在哪个方向浮动，浮动元素会生成一个块级框，而不论它本身是何种元素。

注意：假如在一行上只有极少的空间可供元素浮动，那么这个元素会跳至下一行，这个过程会持续到某一行拥有足够的空间为止。

```
float:left /* 左浮动*/
```

float 属性值及描述如表 6-5 所示。

表 6-5

属性值	描述
left	元素向左浮动
right	元素向右浮动
none	默认值。元素不浮动
inherit	规定从父元素继承 float 属性的值

（2）CSS overflow 属性：规定当内容溢出元素框时的处理方式。

```
overflow:hidden /* 溢出隐藏*/
```

overflow 属性值及描述如表 6-6 所示。

表 6-6

属性值	描述
visible	默认值。内容不会被修剪，会呈现在元素框之外
hidden	内容会被修剪，并且其余内容是不可见的
scroll	内容会被修剪，但是浏览器会显示滚动条以便查看其余的内容
auto	如果内容被修剪，则浏览器会显示滚动条以便查看其余的内容
inherit	规定从父元素继承 overflow 属性的值

（3）浮动塌陷是指当父元素没有设置固定的高度，而子元素使用了浮动时，那么父元素的高度就会塌陷为 0。父元素设置 overflow: hidden 后可以解决浮动塌陷问题。

页面浮动塌陷的效果如图 6-11 所示。

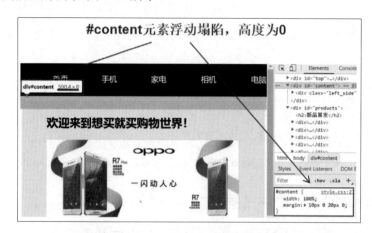

图 6-11

页面清除浮动的效果如图 6-12 所示。

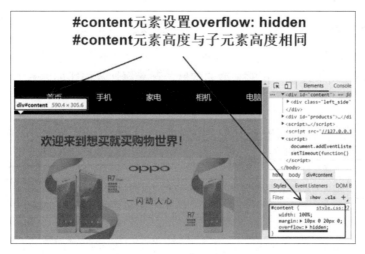

图 6-12

综上所述，第（11）空填写 overflow: hidden，第（12）空填写 float:left。

6.2.11 css/style.css 文件【第（13）空】

此空考查盒模型和内边距 padding。

（1）所有的 HTML 元素都可以被看作盒子，在 CSS 中，盒模型用于设计和布局。

（2）CSS 盒模型本质上是一个盒子，封装周围的 HTML 元素，它包括以下几部分。

① margin（外边距）：边框外的区域，外边距是透明的。

② border（边框）：边框围绕在内边距和内容外。

③ padding（内边距，也可以称为内填充）：内容周围的区域，内边距是透明的。

④ content（内容）：盒子的内容，显示文本和图像。

```css
div {
    border: 25px solid green;
    padding: 25px;
    margin: 25px;
}
```

盒模型如图 6-13 所示。

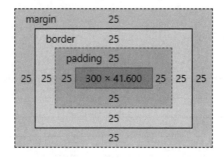

图 6-13

综上所述，第（13）空填写 padding: 10px 60px 或 padding: 10px 60px 10px 60px。

6.2.12　css/style.css 文件【第（14）空】

此空考查 CSS 尺寸属性。

CSS 尺寸属性用于设置元素的高度和宽度，尺寸属性及描述如表 6-7 所示。

表 6-7

属性	描述
height	设置元素的高度
line-height	设置行高
max-height	设置元素的最大高度
max-width	设置元素的最大宽度
min-height	设置元素的最小高度
min-width	设置元素的最小宽度
width	设置元素的宽度

```
div {
    width: 300px;
    height: 300px;
}
```

盒模型如图 6-14 所示。

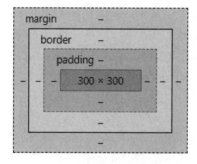

图 6-14

综上所述，第（14）空填写 width: 240px; height: 220px。

6.2.13　参考答案

本题参考答案如表 6-8 所示。

表 6-8

小题编号	参考答案
1	link
2	id
3	ul
4	class

续表

小题编号	参考答案
5	src
6	list-style-type: none 或 list-style: none
7	text-decoration: none
8	display: table
9	table-cell
10	.topList li>a:hover 或.topList li a:hover 或 li>a:hover 或 li a:hover
11	overflow: hidden
12	float: left
13	padding: 10px 60px 或 padding: 10px 60px 10px 60px
14	width: 240px; height: 220px

6.3　试题三

6.3.1　题干和问题

阅读下列说明、效果图，打开"考生文件夹\60003\compute"文件夹中的文件，阅读代码，进行静态网页开发，在第（1）至（15）空处填写正确的代码，操作完成后保存文件。

【说明】

在某页面中实现了一个简易的网页计算器，效果如图 6-15 所示。项目名称为 compute，包含首页文件 index.html、js 文件夹，其中 js 文件夹包含 index.js 文件。

具体要求：计算的两个数必须是数字，否则提示"请输入数字"，效果如图 6-16 所示。

单击"相加""相减""相乘""相除"4 个按钮可以进行计算，效果如图 6-17 所示。

【效果图】

整数1: ＿＿＿＿＿＿＿＿＿＿

整数2: ＿＿＿＿＿＿＿＿＿＿

相加　相减　相乘　相除

结果: ＿＿＿＿＿＿＿＿＿＿

图 6-15

整数1: rrr

整数2: ＿＿＿＿＿＿＿＿＿＿

相加　相减　相乘　相除

结果: ＿＿＿＿＿＿＿＿＿＿

来自此网页

请输入数字

确定

图 6-16

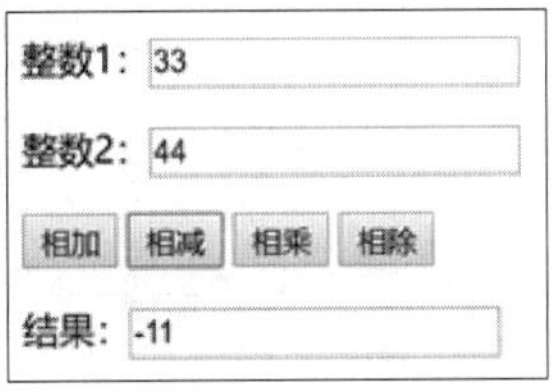

整数1: 33

整数2: 44

相加　相减　相乘　相除

结果: -11

图 6-17

【问题】（30 分，每空 2 分）

根据注释，补全代码：

（1）打开"考生文件夹\60003\compute"文件夹中的文件"index.html"，在第（1）至（10）空处填入正确的内容，完成后保存文件。

（2）打开"考生文件夹\60003\compute\js"文件夹中的文件"index.js"，在第（11）至（15）空处填入正确的内容，完成后保存文件。

注意：除删除编号（1）至（15）并填入正确的内容外，不能修改或删除文件中的其他任何内容。

index.html 文件代码：

```
<!DOCTYPE html>
<html>
  <head>
    <meta charset="UTF-8">
    <title>网页计算器</title>
    <!--<script   (1)   ="   (2)   " type="text/javascript" charset="utf-8">
</script>-->
    <script   (1)   ="   (2)   " type="text/javascript" charset="utf-8"></script>
  </head>
  <body>
    <!--<p>整数1: <   (3)   id="   (4)   " type="text"></p>-->
    <p>整数1: <   (3)   id="   (4)   " type="text"></p>
    <!--<p>整数2: <   (3)   id="   (5)   " type="text"></p>-->
    <p>整数2: <   (3)   id="   (5)   " type="text"></p>
    <p>
      <input type="button" value="相加"   (6)   ="   (7)   "> <!--单击按钮调用
calc 函数-->
      <input type="button" value="相减"   (6)   ="   (8)   "> <!--单击按钮调用
calc 函数-->
      <input type="button" value="相乘"   (6)   ="   (9)   "> <!--单击按钮调用
calc 函数-->
      <input type="button" value="相除"   (6)   ="   (10)   "> <!--单击按钮调用
calc 函数-->
    </p>
    <!--<p>结果: <   (3)   id="result" type="text" readonly></p>-->
    <p>结果: <   (3)   id="result" type="text" readonly></p>
  </body>
</html>
```

js/index.js 文件代码：

```
function calc(func) {
  /* var result =   (11)   ; */
  /* var num1 =   (12)   (document.getElementById('num1').value); */
  /* var num2 =   (12)   (document.getElementById('num2').value); */
  var result =   (11)   ; /*通过 id 获取存放结果的 DOM 元素*/
  /* 第（12）空 */
  var num1 =   (12)   (document.getElementById('num1').value);/*将字符串转换
成数字*/
  var num2 =   (12)   (document.getElementById('num2').value);/*将字符串转换
```

```
成数字*/
   if (    (13)    ||    (14)    ) {   /*判断两个数是否都是数字*/ /*第（13）、（14）空*/
     alert('请输入数字');
      (15)    false;  /*返回布尔值*/ /*(15)    false;*/
   }
   result.value = func(num1, num2);
}

function add(num1, num2) {    // 加法
   return num1 + num2;
}
function sub(num1, num2) {    // 减法
   return num1 - num2;
}
function mul(num1, num2) {    // 乘法
   return num1 * num2;
}
function div(num1, num2) {    // 除法
   if (num2 === 0) {
       alert('除数不能为 0');
       return '';
     }
   return num1 / num2;
}
```

6.3.2　考核知识和技能

（1）<input>标签。

（2）JS 引入。

（3）数据类型转换。

（4）数据类型判断。

（5）函数的调用与传参。

（6）函数返回值。

（7）onclick 事件。

（8）DOM 操作。

6.3.3　index.html 文件【第（1）、（2）空】

第（1）、（2）空考查 HTML <script>标签。

（1）<script>标签用于定义客户端脚本，比如 JavaScript。

（2）script 元素既可以包含脚本语句，也可以通过 src 属性指向外部脚本文件。

```
<!--外部 js 文件-->
<script type="text/javascript" src="myscripts.js"></script>
```

综上所述，第（1）空填写 src，第（2）空填写 js/index.js。

6.3.4 index.html 文件【第（3）～（5）空】、js/index.js 文件【第（11）、（12）空】

第（3）～（5）空和第（11）、（12）空考查 HTML 全局属性、DOM 操作和 parseFloat() 函数。

（1）HTML 全局属性中的 id 属性用于规定元素的唯一 id。

（2）DOM 操作中的 getElementById()方法可以返回对拥有指定 id 的第一个对象的引用。

（3）parseFloat()函数：解析一个字符串，返回一个浮点数。

JavaScript 不区分整数值和浮点数值，所有数字均用浮点数表示。

第一个输入框为输入的 num1，第二个输入框为输入的 num2，第三个输入框为结果 result，如图 6-18 所示。

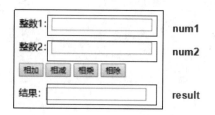

图 6-18

综上所述，第（3）空填写 input，第（4）空填写 num1，第（5）空填写 num2，第（11）空填写 document.getElementById('result')，第（12）空填写 parseFloat。

6.3.5 js/index.js 文件【第（13）～（15）空】

第（13）～（15）空考查 isNaN()函数和 return 语句。

（1）isNaN()函数：检查其参数是否为非数字值，如果参数值为 NaN、字符串、对象、undefined 等非数字值，则返回 true，否则返回 false。

（2）return 语句：终止函数的执行并返回函数的值。

综上所述，第（13）空填写 isNaN(num1)，第（14）空填写 isNaN(num2)，第（15）空填写 return。

6.3.6 index.html 文件【第（6）～（10）空】

第（6）～（10）空考查 onclick 事件和函数的调用（事件处理程序）及传参（函数名作为参数）。

（1）onclick 事件会在元素被点击时发生。

① HTML 代码如下。

```
<element onclick="JavaScriptCode">
```

② JavaScript 代码如下。

```
object.onclick = function(){
    JavaScriptCode
};
```

（2）函数的调用（事件处理程序）是指函数中的代码在其他代码调用该函数时执行，常见的 3 种函数的调用方式如下。

① 当事件发生时调用，如当用户单击按钮时。

② 当 JavaScript 代码调用时调用。

③ 自调用，当函数定义时直接调用。

（3）传参（函数名作为参数）。

在 JavaScript 中，函数也是值，也就是说，可以将函数赋值给变量，函数也可以作为参数传入另一个函数。

综上所述，第（6）空填写 onclick，第（7）空填写 calc(add)，第（8）空填写 calc(sub)，第（9）空填写 calc(mul)，第（10）空填写 calc(div)。

6.3.7　参考答案

本题参考答案如表 6-9 所示。

表 6-9

小题编号	参考答案
1	src
2	js/index.js
3	input
4	num1
5	num2
6	onclick
7	calc(add)
8	calc(sub)
9	calc(mul)
10	calc(div)
11	document.getElementById('result')
12	parseFloat
13	isNaN(num1)
14	isNaN(num2)
15	return

6.4　试题四

6.4.1　题干和问题

阅读下列说明、效果图，打开"考生文件夹\60004\student"文件夹中的文件，进行动态网页开发，在第（1）至（11）空处填写正确的代码，操作完成后保存文件。

【说明】

在某页面中实现了一个简易学生管理功能，效果如图 6-19 所示。项目名称为 student，包含首页文件 index.html、js 文件夹，其中 js 文件夹包含 jquery-3.4.1.js 文件。

具体要求：单击"查看"链接可以打开模态框查看学生的基本信息，查看后可以单击"关闭"链接关闭模态框。单击"删除"链接，弹出提示"确定要删除吗？"。如果单击"确定"按钮，则删除该条数据；如果单击"取消"按钮，则不会删除该条数据。效果如图 6-20 和图 6-21 所示。

【效果图】

姓名	年龄	职位	工资	操作
张三	23	前端工程师	6000	查看 删除
李四	25	java工程师	8000	查看 删除
王五	30	项目经理	10000	查看 删除

图 6-19

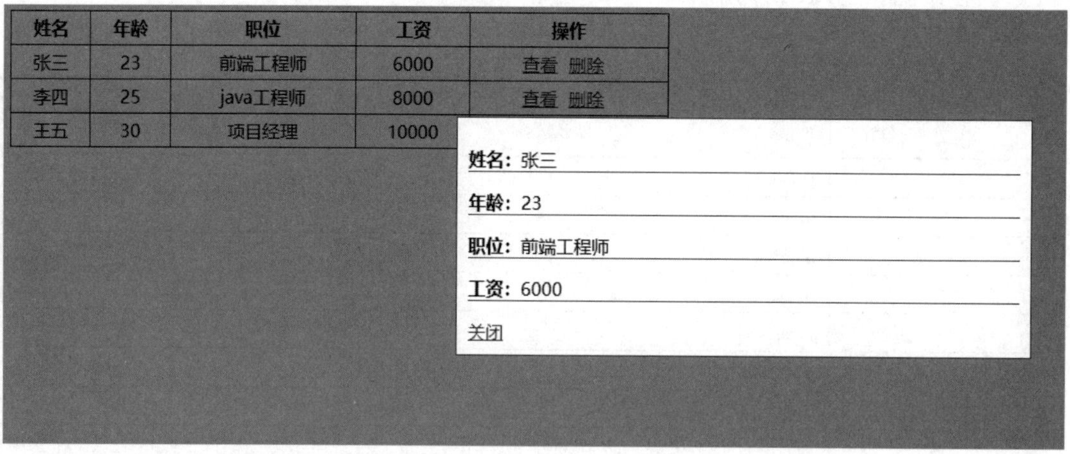

图 6-20

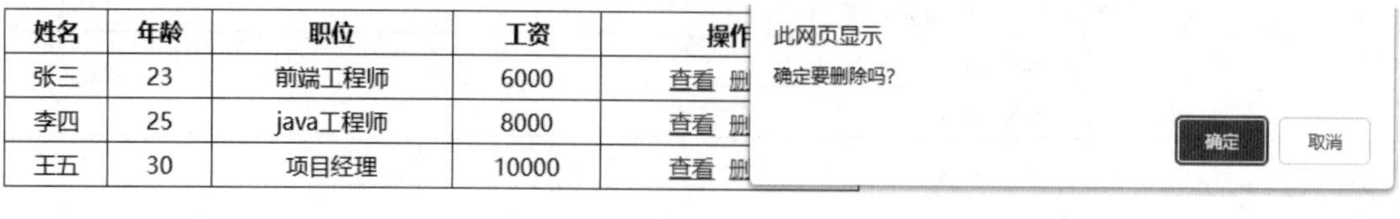

图 6-21

【问题】（22 分，每空 2 分）

根据注释，补全代码：

打开"考生文件夹\60004\student"文件夹中的文件"index.html"，在第（1）至（11）空处填入正确的内容，完成后保存文件。

注意：除删除编号（1）至（11）并填入正确的内容外，不能修改或删除文件中的其他任何内容。

index.html 文件代码：

```html
<!DOCTYPE html>
<html>
<head>
    <meta charset="UTF-8">
    <title>学生管理</title>
    <style type="text/css">
        #etable{ width:600px;border:solid 1px #333; border-collapse:collapse; }
        (1)      /*第（1）空，设置表格所有行的样式*/
        { height:30px; }
        th{ border:solid 1px #333; }
        td{ border:solid 1px #333; text-align:center; }
        td a{ margin-right:10px; color:red }
        #popdiv,#popchange{
            width:500px; padding:10px;
            border:solid 1px red;
            (2)    ;/*第（2）空，设置模态框绝对定位*/
            left:26%;
            top:100px;
            background:#fff;
            (3)    ; /*第（3）空，设置模态框开始时为隐藏状态*/
            (4)    :999;/*第（4）空，设置模态框显示在最上层*/
        }
        #popdiv p{ border-bottom:solid 1px red }
        .mask{
            opacity:0.4;
            background:#000;
            (2)       ;/*第（2）空，设置模态框绝对定位*/
            left:0; top:0;
            width:100%;
            height:650px;
        }
    </style>
    <!--<script src="  (5)   " type="text/javascript"></script>-->
    <script src="  (5)   " type="text/javascript"></script>
    <script>
    $(function(){
        (6)  index=-1;    /*第（6）空，定义变量并赋值*/
        //单击查看
        $('  (7)  ').click(function(){    /* 第（7）空*/
            $('<div class="mask"></div>)').appendTo($('body'));
            var arr=[];
            $(this).parent().siblings().each(function() {
                arr.  (8)  ($(this).text());    /*向数组的末尾添加数据*/
                /*arr.  (8)  ($(this).text());*/
            });
            $('#popdiv').show().children().each(function(i){
```

```
                $(this).children('span').text(arr[i]);
            });
        });
        //关闭
        $('.close').click(function(){
            $(this).parent().hide();
            $('.mask'). (9) ;  /*隐藏模态框的挡板*/ /*$('.mask'). (9) ;*/
        });
        //删除
        $('.del').click(function(){
            var conf = confirm('确定要删除吗？');
            if( (10) ){  /*第（10）空*/
                $(this).parents('tr'). (11) ;  /*删除数据*/
                /*$(this).parents('tr'). (11) ;*/
            }
        });
    });
    </script>
</head>
<body>
    <table id="etable">
        <tr>
            <th>姓名</th>
            <th>年龄</th>
            <th>职位</th>
            <th>工资</th>
            <th>操作</th>
        </tr>
        <tr>
            <td>张三</td>
            <td>23</td>
            <td>前端工程师</td>
            <td>6000</td>
            <td><a href="#" class="view">查看</a><a href="#" class="del">删除
</a></td>
        </tr>
        <tr>
            <td>李四</td>
            <td>25</td>
            <td>java 工程师</td>
            <td>8000</td>
            <td><a href="#" class="view">查看</a><a href="#" class="del">删除
</a></td>
        </tr>
        <tr>
            <td>王五</td>
            <td>30</td>
            <td>项目经理</td>
```

```
            <td>10000</td>
            <td><a href="#" class="view">查看</a><a href="#" class="del">删除
</a></td>
        </tr>
    </table>
    <div id="popdiv">
        <p><strong>姓名: </strong><span></span></p>
        <p><strong>年龄: </strong><span></span></p>
        <p><strong>职位: </strong><span></span></p>
        <p><strong>工资: </strong><span></span></p>
        <a href="#" class="close">关闭</a>
    </div>
    <div id="popchange">
        <p><strong>姓名: </strong><input type="text" id="name" /></p>
        <p><strong>年龄: </strong><input type="text" id="age" /></p>
        <p><strong>职位: </strong><input type="text" id="zhiwei" /></p>
        <p><strong>工资: </strong><input type="text" id="gongzi" /></p>
        <a href="#" class="close">关闭</a>
        <a href="#" class="save">保存</a>
    </div>
</body>
</html>
```

6.4.2　考核知识和技能

（1）CSS 元素选择器。

（2）z-index 属性。

（3）CSS 设置元素隐藏。

（4）定位 position 属性。

（5）定义变量。

（6）push()方法。

（7）confirm()方法。

（8）jQuery 引入方式。

（9）jQuery 选择器。

（10）jQuery hide()方法。

（11）jQuery remove()方法。

6.4.3　index.html 文件【第（1）空】

此空考查 CSS 元素选择器和 HTML 表格。

（1）元素选择器示例如下。

```
span{color: red; }
```

（2）HTML 表格的相关标签和描述如表 6-10 所示。

表 6-10

标签	描述
<table></table>	定义表格
<tr></tr>	定义表格的行
<th></th>	定义表头单元格
<td></td>	定义标准单元格

综上所述，第（1）空填写 tr。

6.4.4 index.html 文件【第（2）～（4）空】

第（2）～（4）空考查定位 position 属性、CSS 设置元素隐藏和 z-index 属性。

（1）模态框对应的 HTML 代码如下。

```
<div id="popdiv">
    <p><strong>姓名：</strong><span></span></p>
    <p><strong>年龄：</strong><span></span></p>
    <p><strong>职位：</strong><span></span></p>
    <p><strong>工资：</strong><span></span></p>
    <a href="#" class="close">关闭</a>
</div>
```

效果如图 6-22 所示。

图 6-22

（2）定位 position 属性。

① static：静态定位。默认值，遵循文档流。

② relative：相对定位。参照原本的位置偏移。

③ absolute：绝对定位。参照最近的已定位的祖先元素偏移。

④ fixed：固定定位。参照窗口偏移。

position 相关属性值及其特性如表 6-11 所示。

表 6-11

属性值	是否可偏移	偏移参照	是否脱离文档流	特殊情况
static	否		否	
relative	是	原本位置	否	
absolute	是	最近的已定位的祖先元素	是	如果祖先元素无定位元素，则参照 body 元素偏移
fixed	是	窗口	是	

（3）页面布局如图 6-23、图 6-24、图 6-25 所示。

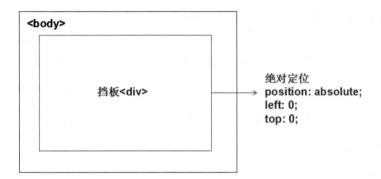

图 6-23

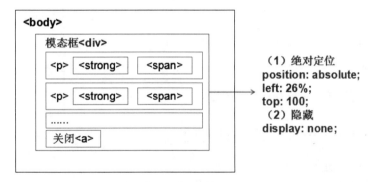

图 6-24

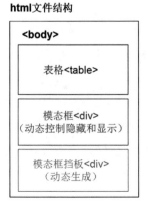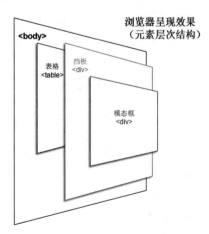

图 6-25

（4）CSS 设置元素隐藏。

① 使用 display:none 设置元素隐藏不占空间，浏览器不会解析该元素。

② 使用 visibility:hidden 设置元素隐藏占用空间，浏览器会解析该元素。

注意：下文代码中模态框需要使用 jQuery 的 show()方法显示，show()方法显示的原理是将元素的 display 属性设置为 block。

（5）z-index 属性。

① z-index 可以设置元素的叠加顺序，但依赖定位属性。

② z-index 值大的元素会覆盖 z-index 值小的元素。

③ z-index 为 auto 的元素不参与层级比较。

④ z-index 为负值时，元素会被普通流中的元素覆盖。

综上所述，第（2）空填写 position:absolute，第（3）空填写 display:none，第（4）空填写 z-index。

6.4.5　index.html 文件【第（5）空】

此空考查 jQuery 引入方式。

jQuery 在页面中通过<script>标签进行引入。

（1）在 jQuery 官网下载 jQuery 文件，引入方式的示例代码如下。

```
<script src="jquery.min.js"></script>
```

（2）从 CDN 中载入 jQuery，引入方式的示例代码如下。

```
<script src="https://cdn.bootcss.com/jquery/3.2.1/jquery.min.js"></script>
```

综上所述，第（5）空填写 js/jquery-3.4.1.js。

6.4.6　index.html 文件【第（6）空】

此空考查 JavaScript 变量。

通过 var 关键字声明 JavaScript 变量，示例代码如下。

```
var carName;
```

综上所述，第（6）空填写 var。

6.4.7　index.html 文件【第（7）～（9）空】

第（7）～（9）空考查 jQuery 选择器、jQuery 方法和 push()方法等。

（1）单击"查看"链接的效果如图 6-26 所示。

（2）单击"关闭"链接的效果如图 6-27 所示。

（3）jQuery 中所有的选择器都以美元符号"$"开头。jQuery 有以下几类选择器。

① 基本选择器。

元素选择器：$("p")。

id 选择器：$("#p")。

类选择器：$(".p")。

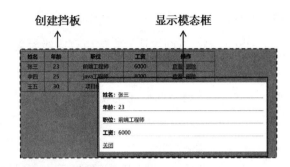

图 6-26

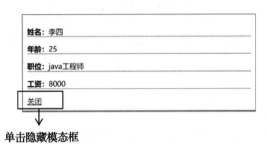

单击隐藏模态框

图 6-27

② 层级选择器。

后代选择器：$("div p")。

子代选择器：$("div > p")。

兄弟选择器：$("div ~ p")。

相邻选择器：$("div+p")。

（4）jQuery 事件。

① 鼠标单击事件：click 事件。

② 事件绑定示例如下。

```
// 示例 1
$(选择器).事件名(function(){......})
// 示例 2
$(选择器).on("事件 1 事件 2",function(){......})
```

（5）jQuery 方法。

① 插入元素。

appendTo()：在被选元素的结尾（仍然在内部）插入指定内容，示例代码如下。

```
$(content).appendTo(selector)
```

② 获取元素。

parent()：返回被选元素的直接父元素，示例代码如下。

```
$(selector).parent(filter)
```

children()：返回被选元素的所有直接子元素，示例代码如下。

```
$(selector).children(selector)
```

siblings()：返回被选元素的所有同级元素，示例代码如下。

```
$(selector).siblings(filter)
```

each()：为每个匹配元素规定运行的函数，示例代码如下。

```
$(selector).each(function(index))
```

③ 显示/隐藏元素。

show()：如果被选元素已被隐藏，则显示该元素，示例代码如下。

```
$(selector).show(speed,callback)
```

hide()：如果被选元素已被显示，则隐藏该元素，示例代码如下。

```
$(selector).hide(speed,callback)
```

（6）JS 数组。

① 改变原数组的方法。

push()：在数组尾部添加一个新元素，示例代码如下。

```
var fruits = ["Banana", "Orange", "Apple", "Mango"];
fruits.push("Lemon");  // 在 fruits 尾部添加一个新元素 Lemon
//新数组["Banana", "Orange", "Apple", "Mango","Lemon"]
```

pop()：在数组尾部弹出一个元素。

shift()：在数组头部弹出一个元素。

unshift()：在数组头部插入一个元素。

splice((index,howmany,item1,.....,itemX))：删除或替换某一个元素。

② 不改变原数组的方法。

concat()：合并两个或两个以上的数组，可以链式调用，返回合并后的数组。

join()：将数组转换为一个字符串，并返回一个字符串。

综上所述，第（7）空填写.view，第（8）空填写 push，第（9）空填写 hide()。

6.4.8　index.html 文件【第（10）、（11）空】

第（10）、（11）空考查 confirm()方法和 jQuery 的 remove()方法。

（1）单击"删除"链接的效果如图 6-28 所示。

（2）window.confirm()方法用于显示一个带有指定消息，以及"确定"和"取消"按钮的对话框。如果访问者单击"确定"按钮，则此方法返回 true，否则返回 false。

（3）jQuery 的 remove()方法用于删除被选元素及其子元素。

综上所述，第（10）空填写 conf，第（11）空填写 remove()。

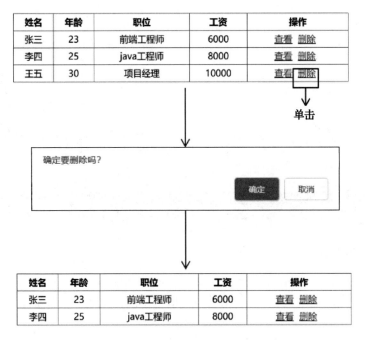

图 6-28

6.4.9　参考答案

本题参考答案如表 6-12 所示。

表 6-12

小题编号	题目答案
1	tr
2	position:absolute
3	display:none
4	z-index
5	js/jquery-3.4.1.js
6	var
7	.view
8	push
9	hide()
10	conf
11	remove()

第7章
2020 年实操试卷

7.1 试题一

7.1.1 题干和问题

阅读下列说明、效果图，打开"考生文件夹\60012\house"文件夹中的文件，阅读代码，进行静态网页开发，在第（1）至（10）空处填写正确的代码，操作完成后保存文件。

【说明】

在某页面中实现了一个通过图文信息展示房屋装修效果的移动端网站，页面效果如图 7-1 所示。项目名称为 house，包含首页文件 house.html。

具体要求：页面顶部是标题搜索栏和导航栏，下面是房屋信息列表栏。房屋信息列表栏的每个列表项包括一张房屋图片和简要说明，作为房屋详情信息的入口，页面打开后可以播放背景音乐。

【效果图】

图 7-1

【问题】（20 分，每空 2 分）

根据注释，补全代码：

打开"考生文件夹\60012\house"文件夹中的文件"house.html"，在第（1）至（10）空处填入正确的内容，完成后保存该文件。

注意：除删除编号（1）至（10）并填入正确的内容外，不能修改或删除文件中的其他任何内容。

house.html 文件代码：

```
<!DOCTYPE html>
<html lang="en">
<head>
<meta charset="UTF-8">
 <!-- 当前窗口宽度等于设备宽度100%缩放级别为1 -->
 <meta name="(1)" content="width=(2),(3)=1"> <!-- 第（1）、（2）、（3）空 -->
 <title>房屋装饰网</title>
</head>
<body>
 <(4) width='375px' align='center'> <!-- 第（4）空 头部标签 -->
   <form><!--表单-->
     <input type="text" spellcheck="true" placeholder="请输入关键词">
     <input type="(5)" value="搜索"></input> <!-- 第（5）空 提交表单-->
   </form>
   <a href="#">创建房屋</a>
 </(4)> <!-- 第（4）空 -->
 <(6) width='100%' align='center'><!-- 第（6）空 导航栏盒子 -->
   <a href="">首页</a> <!-- 导航栏 -->
   <a href="">房屋分类</a> <!-- 导航栏 -->
   <a href="">注册</a> <!-- 导航栏 -->
   <a href="">登录</a> <!-- 导航栏 -->
 </(6)><!-- 第（6）空 -->
 <!-- 页面正文内容标签 -->
 <(7) contenteditable="false"> <!-- 第（7）空 -->
   <(8)><!-- 区域内容标签 --> <!-- 第（8）空 -->
       <figure>
           <img src="assets/fw1.jpg" alt="The Pulpit Rock" width="100%">
           <figcaption>装修设计主要在于颜色的搭配，大致分为背景色、主题色、点缀色。
</figcaption>
       </figure>
   </(8)> <!-- 第（8）空 -->
   <(8)> <!-- 第（8）空 区域内容标签 -->
       <figure>
           <img src="assets/fw1.jpg" alt="The Pulpit Rock" width="100%">
           <figcaption>装修设计主要在于颜色的搭配，大致分为背景色、主题色、点缀色。
</figcaption>
       </figure>
   </(8)> <!-- 第（8）空 -->
   <(8)> <!-- 第（8）空 -->
```

```
        <(9) src="assets/1.mp3" hidden="hidden" autoplay="autoplay"></(9)>
<!-- 第（9）空 音频-->
    </(8)> <!-- 第（8）空 -->
</(7)> <!-- 第（7）空 -->
<(10) align="center"> <!-- 第（10）空 页脚标签-->
    <button>加载更多</button>
</(10)> <!-- 第（10）空 -->
</body>
</html>
```

7.1.2　考核知识和技能

（1）HTML 视口。

（2）<input>标签的 type 属性。

（3）HTML5 语义化元素。

（4）HTML5 多媒体元素。

7.1.3　house.html 文件【第（1）～（3）空】

第（1）～（3）空考查 HTML 视口。

使用<meta>标签的 viewport 实现移动网页优化的代码如下。

```
<meta name="viewport" content="width=device-width, initial-scale=1.0,user-
scalable=no" />
```

width：定义视口的宽度，单位为像素。

initial-scale：定义初始缩放比例。

user-scalable：定义是否允许用户手动缩放页面，默认值为 yes。

综上所述，第（1）空填写 viewport，第（2）空填写 device-width，第（3）空填写 initial-scale。

7.1.4　house.html 文件【第（4）、（5）空】

第（4）、（5）空考查 HTML5 语义化元素和<input>标签的 type 属性。

（1）头部语义化元素<header>标签：定义文档或文档的一部分区域的页头。

（2）<input>标签是重要的表单元素，其 type 属性有许多不同的值，根据相应的值可以定义不同的表单控件。

```
<form>
    <input type="text" /><br>            <!-- 文本输入框 -->
    <input type="password" /><br>        <!-- 密码输入框 -->
    <input type="radio" /><br>           <!-- 单选按钮 -->
    <input type="checkbox" /><br>        <!-- 复选框 -->
    <input type="file" /><br>            <!-- 文件上传 -->
    <input type="submit" /><br>          <!-- 表单提交按钮 -->
    <input type="reset" /><br>           <!-- 表单重置按钮 -->
</form>
```

效果如图 7-2 所示。

图 7-2

综上所述,第(4)空填写 header,第(5)空填写 submit。

7.1.5 house.html 文件【第(6)空】

此空考查 HTML5 语义化元素。

导航栏语义化元素<nav>标签用于定义页面的导航部分。

```
<nav>
   <a href="#">HTML</a> |
   <a href="#">CSS</a> |
   <a href="#">JavaScript</a>
</nav>
```

效果如图 7-3 所示。

HTML | CSS | JavaScript

图 7-3

综上所述,第(6)空填写 nav。

7.1.6 house.html 文件【第(7)～(9)空】

第(7)～(9)空考查 HTML5 语义化元素和 HTML5 多媒体元素。

(1)文章语义化元素<article>标签:代表一个在页面中自成一体的内容,如论坛的帖子、博客上的文章、一篇用户的评论。

(2)章节语义化元素<section>标签:定义文章中的章节、文档中特定内容的区块。section元素的作用就是给内容分段,以及给页面分区。

(3)多媒体元素<audio>标签:定义声音,如音乐或其他音频流。目前,audio 元素支持的 3 种文件格式为 MP3、Wav、Ogg。

```
<audio src="audio/1.mp3" controls="controls">
    你的浏览器不支持 audio 标签
</audio>
```

效果如图 7-4 所示。

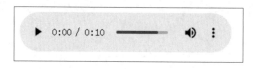

图 7-4

<audio>标签的常用属性如下。

src：要播放的音频的文件路径。

controls：显示播放控件。

loop：规定当音频播放结束后将重新播放。

autoplay：如果设置该属性，则音频在就绪后马上播放。

综上所述，第（7）空填写 article，第（8）空填写 section，第（9）空填写 audio。

7.1.7　house.html 文件【第（10）空】

此空考查 HTML5 语义化元素。

底部语义化元素<footer>标签用于定义文档或文档的一部分区域的页脚。

综上所述，第（10）空填写 footer。

7.1.8　参考答案

本题参考答案如表 7-1 所示。

表 7-1

小题编号	参考答案
1	viewport
2	device-width
3	initial-scale
4	header
5	submit
6	nav
7	article
8	section
9	audio
10	footer

7.2　试题二

7.2.1　题干和问题

阅读下列说明、效果图，打开"考生文件夹\60011\shopping"文件夹中的文件，阅读代码，进行静态网页开发，在第（1）至（15）空处填写正确的代码，操作完成后保存文件。

【说明】

在某页面中实现了购物网站首页，页面包括页头、正文、侧边栏和页脚 4 个部分，页面效果如图 7-5 所示。项目名称为 shopping，包含首页文件 index.html 和首页的样式文件 css\style.css。

具体要求：页头包括一个商品分类导航栏，正文包括海报图和新品列表，侧边栏包括畅销排行榜和促销商品列表，页脚包括版权声明信息和"返回顶部"链接。

【效果图】

图 7-5

【问题】（30 分，每空 2 分）

根据注释，补全代码：

（1）打开"考生文件夹\60011\shopping"文件夹中的文件"index.html"，在第（1）至（3）空处填入正确的内容，完成后保存该文件。

（2）打开"考生文件夹\60011\shopping\css"文件夹中的文件"style.css"，在第（4）至（15）空处填入正确的内容，完成后保存该文件。

注意：除删除编号（1）至（15）并填入正确的内容外，不能修改或删除文件中的其他任何内容。

index.html 文件代码：

```
<!DOCTYPE html>
<html>
<head>
    <meta charset="UTF-8">
    <title>购物世界</title>
    <(1) rel="(2)" type="text/css" (3)="./css/style.css"/> <!-- 第（1）、（2）、（3）
空 -->
</head>
<body>
<div id="top"> <!--导航栏最外围盒子-->
    <ul class="topList"> <!--导航栏外部 ul 标签-->
        <li><a href="">首页</a></li> <!--每个导航项-->
        <li><a href="">手机</a></li>
        <li><a href="">家电</a></li>
        <li><a href="">相机</a></li>
        <li><a href="">电脑</a></li>
    </ul>
</div>
<div id="content"> <!--正文部分盒子-->
    <div class="left_side"> <!--左边栏盒子-->
        <div class="top_pic"> <!--海报图盒子-->
            <h2>欢迎来到想买就买购物世界! </h2> <!--图片标题-->
            <img src="img/banner.jpg" alt="error"/> <!--图片-->
        </div>
    </div>
</div>
<div id="right_side"><!--右边栏的外围盒子-->
    <ul class="list_group"><!--右边栏中排行榜列表-->
        <!--右边栏中排行榜列表项-->
        <li class="list_item">畅销排行榜</li>
        <li class="list_item">1、商品名称</li>
        <li class="list_item">2、商品名称</li>
        <li class="list_item">3、商品名称</li>
        <li class="list_item">4、商品名称</li>
        <li class="list_item">5、商品名称</li>
```

```html
        <li class="list_item">6、商品名称</li>
    </ul>
    <ul class="list_group"> <!--右边栏中商品列表-->
        <!--右边栏中商品列表标题-->
        <li class="list_title">便宜好货</li>
        <!--右边栏中商品列表项-->
        <li class="list_item">
            <img src="img/43.jpg" alt="error" />
        </li>
        <li class="list_item">
            <img src="img/43.jpg" alt="error" />
            商品名称
        </li>
        <li class="list_item">
            <img src="img/43.jpg" alt="error" />
            商品名称
        </li>
    </ul>
</div>
<div id="products"> <!--新品内容的盒子-->
    <h2>新品首发</h2> <!--新品内容的标题-->
    <div><!--新品内容的商品项-->
        <img src="img/41.jpg" alt="error"/> <!--商品的图片-->
        <a href="#"><p>商品名称</p></a> <!--商品的标题-->
    </div>
    <div>
        <img src="img/42.jpg" alt="error"/>
        <a href="#"><p>商品名称</p></a>
    </div>
    <div>
        <img src="img/43.jpg" alt="error"/>
        <a href="#"><p>商品名称</p></a>
    </div>
    <div>
        <img src="img/41.jpg" alt="error"/>
        <a href="#"><p>商品名称</p></a>
    </div>
    <div>
        <img src="img/42.jpg" alt="error"/>
        <a href="#"><p>商品名称</p></a>
    </div>
    <div>
        <img src="img/43.jpg" alt="error"/>
        <a href="#"><p>商品名称</p></a>
    </div>
</div>
<div id="bottom">
    <a href="#" class="toTop">返回顶部</a> <!-- "返回顶部" 链接-->
```

```
    <p>&#169XX 公司名</p>
</div>
</body>
</html>
```

css/style.css 文件代码：

```
body {
    font-size: 18px;
    margin: 0;
    padding: 0;
    text-decoration: none;
}
/*清除 li 默认样式*/
li {
    (4): none; /* 第（4）空 */
}
/*清除超链接的下画线*/
a {
    (5): none; /* 第（5）空 */
}
/*设置图片的最大宽度*/
img {
    (6): 100%; /* 第（6）空 */
}
/*使用 id 选择器设置导航栏最外围盒子样式*/
#top {
    padding: 20px 0;
    width: 100%;
    background-color: #222;
}
/*使用类选择器设置导航栏外部的 ul 标签的样式*/
.topList {
    display: (7); /* 第（7）空 显示为表格*/
    width: 100%;
}
/*使用后代选择器，设置 li 标签清除列表默认样式，显示为表格单元格*/
.topList li {
    display: (8); /* 第（8）空 */
}
/*使用子代选择器设置每个导航栏的 a 标签的样式*/
.topList li > a {
    display: block;
    text-align: center;
    color: white;
}
.topList li > a:(9){ /* 第（9）空 设置鼠标悬停状态 伪类*/
    background: #990000;
}
/*正文——商品内容*/
```

```
#content {
    width: 70%;
    float: left;
    margin: 10px 0 20px 0;
    (10): hidden; /* 第（10）空 设置溢出隐藏*/
}
/*左边栏整体盒子样式: 左浮动；宽度68%；左外边距1.2%*/
.left_side {
    float: (11); /* 第（11）空 设置左浮动*/
    width: 68%;
    margin-left: 1.2%;
}
/*海报图盒子样式*/
.top_pic {
    (12): 10px 60px 10px 60px; /* 第（12）空 设置内填充上下为10px 左右为60px*/
    background-color: #eee;
}
.top_pic img {
    height: 200px;
}
#products{
    width: 70%;
    float: left;
}
#products h2 {
    padding-left: 30px;
}
/*设置每个商品项的样式*/
#products div {
    width: 30%;
    (13): inline-block; /* 第（13）空 */
    padding: 0 10px;
}
/*设置图片的宽度为240px 高度为220px*/
#products img {
    (14): 240px; /* 第（14）空 */
    (15): 220px; /* 第（15）空 */
}
/*右边栏的外围盒子*/
#right_side{
    float: right;
    width: 28%;
    margin-right: 1.2%;
}
/*列表盒子样式*/
.list_group{
    margin-bottom: 30px;
}
/*列表标题样式*/
.list_title{
```

```
    padding: 10px 15px;
    font-weight: bold;
    color: #fff;
    background-color: #337ab7;
    border-color: #337ab7;
}
/*列表项*/
.list_item{
    padding: 10px 15px;
    margin-bottom: -1px;
    border: 1px solid #ddd;
}
/*尾部——底边栏*/
#bottom{
    position: relative;
    width: 100%;
    height: 30px;
    clear: both;
}
/*底边栏的a链接样式*/
#bottom a{
    position: absolute;
    right: 1.2%;
}
/*底边栏的p标签样式*/
#bottom p{
    position: absolute;
    margin: 0;
    left: 1.2%;
    font-style: italic;
}
```

7.2.2　考核知识和技能

（1）CSS 样式表的引入方式。

（2）伪类选择器。

（3）列表样式。

（4）文本样式。

（5）盒模型。

（6）display 属性。

（7）float 属性。

（8）overflow 属性。

7.2.3　index.html 文件【第（1）～（3）空】

第（1）～（3）空考查 CSS 样式表的引入方式。

（1）引入外部样式表。

```
<head>
  <link rel="stylesheet" type="text/css" href="style.css">
</head>
```

（2）引入内部样式表。

```
<head>
  <style type="text/css">
    body {background-color: white}
  </style>
</head>
```

（3）引入内联样式表。

```
<p style="color: red">
  XXXX
</p>
```

综上所述，第（1）空填写 link，第（2）空填写 stylesheet，第（3）空填写 href。

7.2.4　css/style.css 文件【第（4）～（6）空】

第（4）～（6）空考查 CSS 样式初始化、列表样式和文本样式。

（1）一般网站都有初始化的做法，这么做的原因有以下两个。

① 在不同浏览器中，某些标签的默认属性值是不同的，CSS 样式初始化可以消除浏览器之间的页面差异。

② 统一整个网页内的元素的风格和样式，如图 7-6 所示。

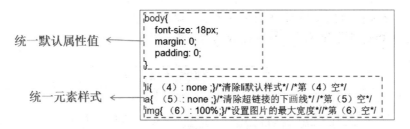

图 7-6

（2）li 元素的 list-style 属性是一个简写属性，涵盖了所有其他的列表样式属性。

① list-style-type：设置列表项标记的类型。

② list-style-position：设置在何处放置列表项标记。

③ list-style-image：使用图像来替换列表项标记。

④ inherit：规定从父元素继承 list-style 属性的值。

```
/*清除 li 默认样式*/
list-style-type: none
list-style:none/*简写*/
```

（3）a 元素的 text-decoration 属性用于规定添加到文本的修饰。

text-decoration 属性值及描述如表 7-2 所示。

表 7-2

属性值	描述
none	默认值。定义标准的文本
underline	定义文本下的一条线
overline	定义文本上的一条线
line-through	定义穿过文本的一条线
blink	定义闪烁的文本
inherit	规定从父元素继承 text-decoration 属性的值

（4）img 元素的 max-width 属性用于设置元素的最大宽度。

max-width 属性值及描述如表 7-3 所示。

表 7-3

属性值	描述
none	默认值。定义对元素的最大宽度没有限制
length	定义元素的最大宽度值
%	定义基于包含它的块级对象的百分比最大宽度
inherit	规定从父元素继承 max-width 属性的值

综上所述，第（4）空填写 list-style 或 list-style-type，第（5）空填写 text-decoration，第（6）空填写 max-width。

7.2.5　css/style.css 文件【第（7）～（9）空】

第（7）～（9）空考查表格布局和 CSS :hover 选择器。

（1）导航栏采用表格布局。导航栏的结构如图 7-7 所示。

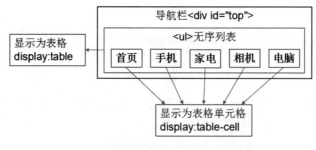

图 7-7

效果如图 7-8 所示。

表格布局的 display 属性值如下。

① display:table 设置元素作为块级表格来显示（类似<table>标签）。

② display:table-row 设置元素作为一个表格行来显示（类似<tr>标签）。

③ display:table-cell 设置元素作为一个表格单元格来显示（类似<td>和<th>标签）。

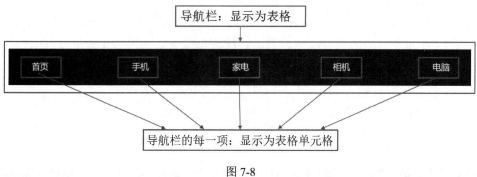

图 7-8

HTML 代码：

```
<div class="table"><!--表格-->
    <div class="row"><!--表格第一行-->
        <div class="cell">第一行第一列</div>
        <div class="cell">第一行第二列</div>
    </div>
    <div class="row"><!--表格第二行-->
        <div class="cell">第二行第一列</div>
        <div class="cell">第二行第二列</div>
    </div>
</div>
```

CSS 代码：

```
.table {
      display: table;
}
.row {
      display: table-row;
}
.cell {
      display: table-cell;
}
```

（2）:hover 选择器。

鼠标指针悬停效果如图 7-9 所示。

图 7-9

① CSS 选择器：用于选择元素。

```
.intro {color:#FF0000;} /*class 选择器，选择所有 class="intro"的元素 */
p {color:#FF0000;} /* 元素选择器，选择所有 p 元素 */
```

```
div p {color:#FF0000;} /* 后代选择器，选择 div 元素内的所有 p 元素 */
div>p {color:#FF0000;} /* 子代选择器，选择所有父级元素是 div 元素的 p 元素 */
```

② CSS 伪类：用于添加一些选择器的特殊效果，链接的不同状态可以以不同的方式显示。

```
a:link {color:#FF0000;} /* 未访问的链接 */
a:visited {color:#00FF00;} /* 已访问的链接 */
a:hover {color:#FF00FF;} /* 鼠标指针划过的链接 */
a:active {color:#0000FF;} /* 已选中的链接 */
```

综上所述，第（7）空填写 table，第（8）空填写 table-cell，第（9）空填写 hover。

7.2.6　css/style.css 文件【第（10）～（12）空】

第（10）～（12）空考查 CSS overflow 属性、float 属性和盒模型。
海报图采用浮动布局，结构如图 7-10 所示。

图 7-10

（1）overflow 属性：规定当内容溢出元素框时的处理方式。

```
overflow:hidden /* 溢出隐藏*/
```

overflow 属性值及描述如表 7-4 所示。

表 7-4

属性值	描述
visible	默认值。内容不会被修剪，会呈现在元素框之外
hidden	内容会被修剪，并且其余内容是不可见的
scroll	内容会被修剪，但是浏览器会显示滚动条以便查看其余的内容
auto	如果内容被修剪，则浏览器会显示滚动条以便查看其余的内容
inherit	规定从父元素继承 overflow 属性的值

（2）当父元素没有设置固定的高度，而子元素使用了浮动时，那么父元素的高度就会塌陷为 0。

父元素设置 overflow: hidden 后可以解决浮动塌陷问题。

页面浮动塌陷效果如图 7-11 所示。

图 7-11

页面清除浮动效果如图 7-12 所示。

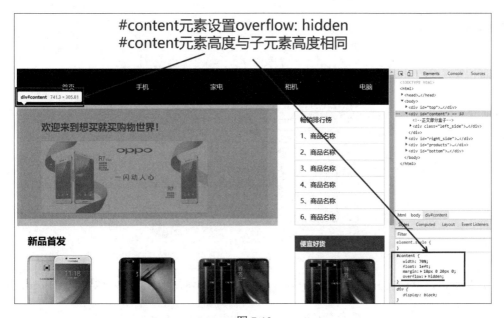

图 7-12

（3）float 属性：定义元素在哪个方向浮动，浮动元素会生成一个块级框，而不论它本身是何种元素。

注意：假如在一行上只有极少的空间可供元素浮动，那么这个元素会跳至下一行，这个过程会持续到某一行拥有足够的空间为止。

```
float:left /* 左浮动*/
```

float 属性值及描述如表 7-5 所示。

表 7-5

属性值	描述
left	元素向左浮动
right	元素向右浮动
none	默认值。元素不浮动，并会显示于其在文本中出现的位置
inherit	规定从父元素继承 float 属性的值

（4）盒模型。

所有 HTML 元素都可以看作盒子，在 CSS 中，盒模型用于设计和布局。

CSS 盒模型本质上是一个盒子，封装周围的 HTML 元素，它包括以下几部分。

① margin（外边距）：边框外的区域，外边距是透明的。

② border（边框）：边框围绕在内边距和内容外。

③ padding（内边距）：内容周围的区域，内边距是透明的。

④ content（内容）：盒子的内容，显示文本和图像。

```
div {
    border: 25px solid green;
    padding: 25px;
    margin: 25px;
}
```

盒模型如图 7-13 所示。

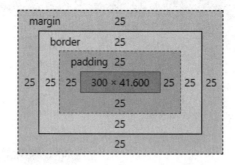

图 7-13

综上所述，第（10）空填写 overflow，第（11）空填写 left，第（12）空填写 padding。

7.2.7　css/style.css 文件【第（13）～（15）空】

第（13）～（15）空考查 CSS display 属性和尺寸属性。

题目中的商品信息采用 display 行内块元素布局，结构如图 7-14 所示。

（1）display 属性：规定元素应该生成的框的类型。

```
display: inline-block; /* 行内块元素*/
```

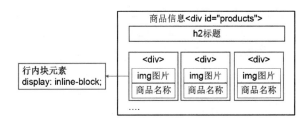

图 7-14

display 属性值及描述如表 7-6 所示。

表 7-6

属性值	描述
block	元素被显示为块级元素，且元素前后带有换行符
inline	元素被显示为内联元素，且元素前后没有换行符
inline-block	元素被显示为行内块元素，且元素前后没有换行符
none	元素不会被显示

（2）CSS 尺寸属性：允许设置元素的高度和宽度。

尺寸属性及描述如表 7-7 所示。

表 7-7

属性	描述
height	设置元素的高度
width	设置元素的宽度
max-height	设置元素的最大高度
max-width	设置元素的最大宽度
min-height	设置元素的最小高度
min-width	设置元素的最小宽度

综上所述，第（13）空填写 display，第（14）空填写 width，第（15）空填写 height。

7.2.8　参考答案

本题参考答案如表 7-8 所示。

表 7-8

小题编号	参考答案
1	link
2	stylesheet
3	href
4	list-style 或 list-style-type
5	text-decoration
6	max-width
7	table

续表

小题编号	参考答案
8	table-cell
9	hover
10	overflow
11	left
12	padding
13	display
14	width
15	height

7.3 试题三

7.3.1 题干和问题

阅读下列说明、效果图，打开"考生文件夹\60010\weather"文件夹中的文件，阅读代码，进行静态网页开发，在第（1）至（14）空处填写正确的代码，操作完成后保存文件。

【说明】

在某页面中实现了天气预报页面，页面中包括今天、明天、后天 3 天的天气预报图文信息，页面效果如图 7-15 所示。项目名称为 weather，包含首页文件 index.html。

具体要求：天气图标边框为圆角边框，3 个天气图标中"今天"图标的背景颜色为半透明。为"今天"图标中的太阳图片制作一个旋转的动画，当鼠标指针悬停在太阳图片上时启动动画，动画为 360°旋转。

【效果图】

图 7-15

【问题】（28 分，每空 2 分）

根据注释，补全代码：

打开"考生文件夹\60010\weather"文件夹中的文件"index.html"，在第（1）至（14）空处填入正确的内容，完成后保存该文件。

注意：除删除编号（1）至（14）并填入正确的内容外，不能修改或删除文件中的其他任何内容。

index.html 文件代码:

```html
<!DOCTYPE html>
<html lang="en">
<head>
    <meta http-equiv="Content-Type" content="text/html" charset="UTF-8"/>
    <title>天气预报</title>
    <style type="text/css">
        img {
            width: 140px;
            height: 140px;
        }
        body {
            (1): 17px; /* 第（1）空 设置字号大小 */
        }
        /*设置列表样式*/
        ul, li {
            (2): none; /* 第（2）空 */
            margin: 0px;
            padding: 0px;
        }
        li {
            (3): 1px solid #d4d4d4; /* 第（3）空 设置边框 */
            (4): center; /* 第（4）空 居中 */
            (5): 20px; /* 第（5）空 为 li 添加圆角样式 */
        }
        li p {
            (4): center; /* 第（4）空 居中 */
        }
        /*CSS3 伪类选择器*/
        li:first-child {
            /*CSS3 新增的颜色表达方式，rgba 可设为半透明*/
            background-color: rgba(199, 166, 4, 0.1);
        }
        /*定义动画名字和规则*/
        @(6) anima { /* 第（6）空 */
            from { /*初始的旋转角度*/
                (7): rotate(0deg); /* 第（7）空 */
            }
            to { /*结束的旋转角度*/
                (7): rotate(360deg); /* 第（7）空 */
            }
        }
        li:first-child img:hover { /*使用的动画元素*/
            /*使用定义动画 anima*/
            (8): anima; /* 第（8）空 */
            /*动画播放时间*/
            animation-duration: 10s;
            /*动画播放次数，循环播放*/
```

```
            animation-iteration-count: (9); /* 第（9）空 */
        }
        /*定义自定义字体*/
        @(10) { /* 第（10）空 */
            /*定义自定义字体的名字*/
            font-family: css3font;
            /*字体所在路径*/
            src: (11)("fonts/简书魏.ttf"); /* 第（11）空 */
        }
        /*使用 :first-child 伪类选择"今天"的 p 标签*/
        li:first-child p {
            /*使用自定义字体*/
            font-family: css3font;
        }
        ul {
            /*设置弹性盒模型容器*/
            (12): flex; /* 第（12）空 */
        }
        li {
            /*弹性盒子分配自适应比例，当值为 1 时等比分配*/
            (13): 1; /* 第（13）空 */
        }
        /*多列布局*/
        #news {
            /*多列布局分割列数*/
            column-count: 3;
            /*多列布局间隙*/
            (14): 30px; /* 第（14）空 */
        }
    </style>
</head>
<body>
<ul>
    <li>
        <p>今天</p>
        <img src="img/weather1.png" alt=""/>
        <p>晴</p>
    </li>
    <li>
        <p>明天</p>
        <img src="img/weather2.png" alt=""/>
        <p>阴</p>
    </li>
    <li>
        <p>后天</p>
        <img src="img/weather3.png" alt=""/>
        <p>小雨</p>
    </li>
</ul>
```

```
<div id="news">
    <div>今天天气晴<br/>气温 35℃<br/>出门注意防晒</div>
    <div>明天阴天 <br/> 气温 28℃<br/>适合室外活动</div>
    <div>后天小雨<br/>气温 27℃<br/>出门记得带伞</div>
</div>
</body>
</html>
```

7.3.2　考核知识和技能

（1）字体样式。

（2）文本样式。

（3）列表样式。

（4）边框样式。

（5）圆角边框。

（6）自定义字体。

（7）动画。

（8）多列布局。

（9）弹性布局。

7.3.3　index.html 文件【第（1）空】

此空考查 CSS font-size 属性。

font-size 属性：设置文本的字号大小。

```
<head>
    <style>
    .s1{
        font-size: 30px;
    }
    </style>
</head>
<body>
    <p class="s1">从前有座山</p>
    <p>山里有个庙</p>
</body>
```

效果如图 7-16 所示。

图 7-16

综上所述，第（1）空填写 font-size。

7.3.4　index.html 文件【第（2）空】

此空考查 CSS list-style 属性。

list-style 属性用于在一个声明中设置所有的列表属性，该属性是一个简写属性，涵盖了所有的其他列表样式属性。可以按顺序设置如下属性。

（1）list-style-type：设置列表项标志的类型。

（2）list-style-position：设置标记出现在列表项内容之外或内容内部。

（3）list-style-image：使用图像替换列表项标记。

```
/*清除 ul，li 默认样式*/
list-style:none/*简写*/
```

综上所述，第（2）空填写 list-style。

7.3.5　index.html 文件【第（3）～（5）空】

第（3）～（5）空考查 CSS border 属性、text-align 属性，以及 CSS3 border-radius 属性。

（1）border 属性：给元素四周指定统一的边框。

border 属性的语法格式为 border:border-width border-style border-color;。

```
<head>
    <style>
    div{
        width: 100px;  height: 100px;
        background: green;
        border: 5px solid red;   /* 设置边框宽度为5px，线形为实线，颜色为红色 */
    }
    </style>
</head>
<body>
    <div>div1</div>
</body>
```

效果如图 7-17 所示。

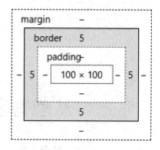

图 7-17

（2）text-align 属性：设置文本的水平对齐方式，属性值有居中（center）、左对齐（left）、右对齐（right）、两端对齐（justify）。

```
<!DOCTYPE html>
<html>
<head>
  <meta charset="UTF-8">
  <title></title>
  <style type="text/css">
    p{text-align: center;}
  </style>
</head>
<body>
  <p>Hello World</p>
</body>
</html>
```

效果如图 7-18 所示。

Hello World

图 7-18

（3）border-radius 属性：简写属性，设置四个角的圆角边框。

设置 1 个参数：直接作用于 1、2、3、4 四个角。

设置 2 个参数：分别作用于 1 和 3、2 和 4 两个角。

设置 3 个参数：分别作用于 1、2 和 4、3 三个角。

设置 4 个参数：分别作用于 1、2、3、4 四个角。

```
div{
    width: 100px;
    height: 100px;
    border-radius: 10px;
    background-color: red;
}
```

效果如图 7-19 所示。

图 7-19

综上所述，第（3）空填写 border，第（4）空填写 text-align，第（5）空填写 border-radius。

7.3.6　index.html 文件【第（6）～（9）空】

第（6）～（9）空考查 CSS3 的动画属性和 transform 属性。

（1）@keyframes 规则：用于创建动画，定义动画名称，规定动画的起始状态和结束状态。

from：动画起始状态。

to：动画结束状态。

name：动画的名称。

```
@keyframes name{
    from{
        /*起始状态*/
    }
    to{
        /*结束状态*/
    }
}
```

定义一个名为 changeWidth 的动画，并将宽度由 200px 改变为 300px。

```
@keyframes changeWidth{
    from{
        width: 200px;
    }
    to{
        width: 300px;
    }
}
```

仅使用@keyframes 规则创建动画不会对元素产生效果，需要使用动画属性将其绑定到指定的元素上。

（2）设置动画属性。

① animation-name：设置动画名称。

② animation-duration：设置动画的持续时间，单位为秒或毫秒，默认值是 0。

注意：将动画绑定到元素上至少需要设置动画名称和动画的持续时间。

```
@keyframes changeWidth{
    from{width: 200px;}
    to{width: 300px;}
}
div{
    width: 200px;
    height: 100px;
    background-color: red;
    animation-name: changeWidth;
    animation-duration: 3s;
}
```

效果如图 7-20 所示。

③ animation-iteration-count：定义动画的播放次数，默认值为 1。

n：定义动画播放次数的数值。

infinite：规定动画无限次播放。

```css
@keyframes changeWidth{
   from{width: 200px;}
   to{width: 300px;}
}
div{
   width: 200px;
   height: 100px;
   background-color: red;
   animation-name: changeWidth;
   animation-duration: 3s;
   animation-iteration-count: infinite;
}
```

（3）transform 属性：对元素应用 2D 或 3D 转换。该属性可以设置元素的旋转角度、缩放比例、移动距离或倾斜角度。

rotate(angle)：定义 2D 旋转，在参数中规定旋转角度。

```html
<head>
  <style type="text/css">
   div{
     background-color: red;
     width: 100px;
     color: white;
     height: 100px;
     transform: rotate(100deg); /*旋转 100 度*/
     }
  </style>
</head>
<body>
  <div>Hello World</div>
</body>
```

效果如图 7-21 所示。

图 7-20

图 7-21

综上所述，第（6）空填写 keyframes，第（7）空填写 transform，第（8）空填写 animation-name，第（9）空填写 infinite。

7.3.7　index.html 文件【第（10）、（11）空】

第（10）、（11）空考查 CSS3 自定义字体。

@font-face 规则：定义自定义字体。

（1）首先定义字体的名称（如 myfont），再设置字体文件路径。

（2）使用字体时，通过 font-family 属性来引用字体的名称。

```
<head>
  <meta charset="UTF-8">
  <title></title>
  <style type="text/css">
    @font-face{
        font-family:myfont;              /*定义字体的名称*/
        src:url('./font/STLITI.TTF');    /*设置字体文件路径*/
    }
    p{
        font-family:myfont;
        font-size:30px;
    }
  </style>
</head>
<body>
  <p>Hello World</p>
</body>
```

效果如图 7-22 所示。

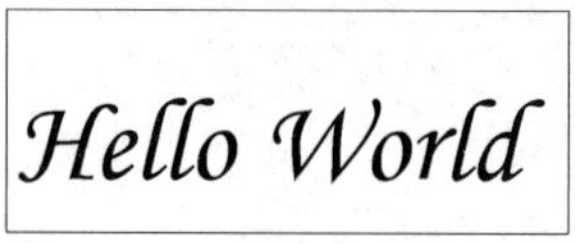

Hello World

图 7-22

综上所述，第（10）空填写 font-face，第（11）空填写 url。

7.3.8　index.html 文件【第（12）、（13）空】

第（12）、（13）空考查 CSS3 弹性布局。

（1）Flex 弹性布局。

① 任何一个容器都可以被指定为 Flex 布局，行内元素也可以使用 Flex 布局。设置为 Flex 布局以后，子元素的 float、clear 和 vertical-align 属性将全部失效。

② 采用 Flex 布局的元素被称为 Flex 容器，简称容器。它的所有子元素自动成为容器成员，被称为弹性元素。容器默认存在两根轴：水平主轴（main axis）和垂直交叉轴（cross axis）。

弹性盒模型如图 7-23 所示。

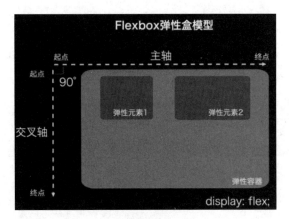

图 7-23

```
<head>
    <style>
        .box{
            display: flex;
        }
        /*省略 div 的宽度、高度和边框设置*/
    </style>
</head>
<body>
    <div class="box">
        <div>1</div>
        <div>2</div>
        <div>3</div>
    </div>
</body>
```

效果如图 7-24 所示。

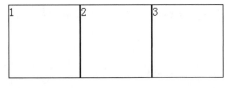

图 7-24

（2）弹性元素的属性。

HTML 代码：

```
<div class="item">
    <div class="one">1</div>
    <div class="two">2</div>
    <div class="three">3</div>
</div>
```

CSS 代码：

```
.one{flex-grow: 1;}
```

```
.two{flex-grow: 2;}
.three{flex-grow: 1;}
```

① flex-grow 属性：扩展比例，默认值为 0，即如果存在剩余空间，那么也不扩展比例。效果如图 7-25 所示。

图 7-25

② flex-shrink 属性：收缩比例，默认值为 1，即如果空间不足，那么该弹性元素将收缩。HTML 代码：

```
<div class="item">
    <div class="one">1</div>
    <div class="two">2</div>
    <div class="three">3</div>
</div>
```

CSS 代码：

```
.one{flex-shrink: 0;}
.two{flex-shrink: 1;}
.three{flex-shrink: 2;}
```

效果如图 7-26 所示。

图 7-26

③ flex-basis 属性：指定弹性元素在主轴方向上的初始大小。它的默认值为 auto，即弹性元素的本来大小。

```
#main div {
    flex-basis: 40px;
}
#main div:nth-child(2) {
    flex-basis: 80px;
}
```

效果如图 7-27 所示。

图 7-27

④ flex 属性：flex-grow，flex-shrink 和 flex-basis 属性的简写形式。

建议优先使用 flex 属性，而不单独使用 3 个分离的属性，因为浏览器会推算相关值。

```
#main div {
    flex: 1;
}
```

综上所述，第（12）空填写 display，第（13）空填写 flex-grow。

7.3.9 index.html 文件【第（14）空】

此空考查 CSS3 多列布局。

多列布局：创建多个列来对文本进行布局，就像报纸中的布局那样。

（1）column-count 属性：设置列数。

```
<style>
p{
    width: 400px;
    border: 1px solid black;
    column-count: 2;
}
</style>
<body>
    <p>HTML 称为超文本标记语言...</p>
</body>
```

效果如图 7-28 所示。

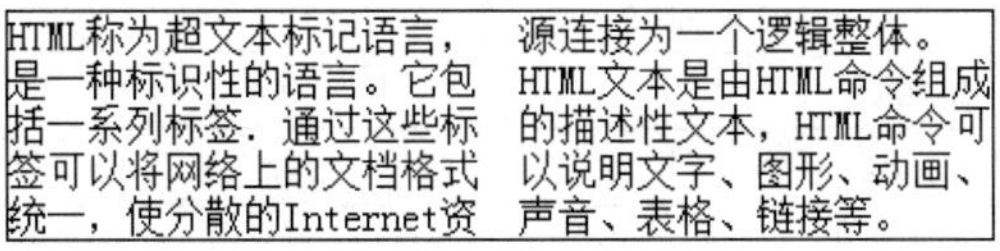

图 7-28

（2）column-gap 属性：设置列与列之间的间隙。

```
<head>
    <style>
    p{
        width: 400px;
        border: 1px solid black;
        column-count: 3;
        column-gap: 80px;
    }
    </style>
</head>
<body>
    <p>HTML 称为超文本标记语言...</p>
</body>
```

效果如图 7-29 所示。

图 7-29

综上所述，第（14）空填写 column-gap。

7.3.10 参考答案

本题参考答案如表 7-9 所示。

表 7-9

小题编号	参考答案
1	font-size
2	list-style
3	border
4	text-align
5	border-radius
6	keyframes
7	transform
8	animation-name
9	infinite
10	font-face
11	url
12	display
13	flex-grow
14	column-gap

7.4 试题四

7.4.1 题干和问题

阅读下列说明、效果图，打开"考生文件夹\60009\percentage"文件夹中的文件，阅读代码，进行静态网页开发，在第（1）至（11）空处填写正确的代码，操作完成后保存文件。

【说明】

在某页面中实现了一个项目提成计算器，根据不同角色计算项目提成，效果如图 7-30 所示。项目名称为 percentage，包含首页文件 index.html。

具体要求：项目提成为只读模式，要求有 3 个角色可以选择，分别为程序员、项目经理、销售人员，效果如图 7-31 所示。

按照选择的角色，单击"计算"按钮，分别进行计算，效果如图 7-32 所示。

【效果图】

图 7-30　　　　　　　　　　　　　　　图 7-31

图 7-32

【问题】（22 分，每空 2 分）

根据注释，补全代码：

打开"考生文件夹\60009\percentage"文件夹中的文件"index.html"，在第（1）至（11）空处填入正确的内容，完成后保存该文件。

注意：除删除编号（1）至（11）并填入正确的内容外，不能修改或删除文件中的其他任何内容。

index.html 文件代码：

```html
<!DOCTYPE html>
<html lang="en">
<head>
  <meta charset="UTF-8">
  <meta name="viewport" content="width=device-width, initial-scale=1.0">
  <title>项目提成计算器</title>
  <style>
   *{margin: 0px;padding: 0px;}
   header{text-align: center; margin-bottom: 15px;}
   #box{margin: 20px auto 0;width: 300px;text-align: center; }
   #bonus{height: 50px;width: 280px;background-color: #F3F3F3;}
   #benefit{height: 25px;width: 140px;}   /*文本框 */
   #roles{height: 22px;width: 130px;vertical-align: bottom;} /*多选下拉列表*/
   #count{padding-top: 10px;padding-right: 11px;text-align: right;}
   /* 计算按钮 */
   #countBtn{height: 25px;width: 70px;text-align: center; background-color:
#FFFFFF;cursor: pointer;}
   #benefit,#roles,#countBtn,#bonus{border: 1px solid #D4D4D4;}
  </style>
```

```
<(4)> <!-- 第（4）空 -->
  (5) roles(){ <!-- 第（5）空 -->
   this.programmer=function(data){ /*程序员提成计算*/
     if(data>10000){
       return data*0.05;
     }else if (data>=2000){
       return 50;
     }else{
       return 0;
     }
   }
   this.manager=function(data){ //项目经理提成计算
     if(data>20000){
       return data*0.2;
     }else{
       return data*0.1;
     }
   }
   this.salesman=function(data){ //销售人员提成计算
     if(data>100000){
       return data*0.3;
     }else if(data>=50000){
       return data*0.2;
     }else{
       return data*0.05;
     }
   }
 }
 //提成对象
 function bonus(){
   this.benefit=0; //项目收益
 }
 bonus.(6).setBenefit=function(data){ <!-- 第（6）空 -->
   this.benefit=data; //设置项目收益
 }
 //设置 bonus 的原型链 roles
 bonus.(7)=new roles(); <!-- 第（7）空 -->
 bonus.(6).getBonus=function(role){ <!-- 第（6）空 -->
   (8) role(this.benefit);// 通过角色策略方法计算返回提成 <!-- 第（8）空 -->
 }
 //创建 bonus 的实例对象
 var bonusCount =(9) bonus(); <!-- 第（9）空 -->
 //角色策略筛选
 var strategies={
   "1":function(){
     //程序员角色策略计算
     return bonusCount.getBonus(bonus.programmer);
   },
   "2":function(){
```

```
            //项目经理角色策略计算
            return bonusCount.getBonus(bonus.manager);
        },
        "3":function(){
            //销售人员角色策略计算
            return bonusCount.getBonus(bonus.salesman);
        }
    }
    function countFun(){
        //获取项目收益值
        var benefit=document.(10)("benefit").(11); <!-- 第(10)空和第(11)空 -->
        //获取选择的角色值
        var role=document.(10)("roles").(11); <!-- 第(10)空和第(11)空 -->
        //设置项目收益
        bonusCount.setBenefit(benefit);
        //角色策略对应的提成计算值
        document.(10)('bonus').value=strategies[role](); <!-- 第(10)空 -->
    }
    </(4)> <!-- 第(4)空 -->
</head>
<body>
  <div id="box">
    <header>项目提成计算器</header>
    <div id="dataBox">
      <input type="text" id="bonus" (1)="(1)"  placeholder="项目提成"> <!-- 第
(1)空 -->
    </div>
    <input type="text" id="benefit" value="0">
    <(2)  id="roles"> <!-- 第(2)空 -->
      <option value="1">程序员</option>
      <option value="2">项目经理</option>
      <option value="3">销售人员</option>
    </(2)> <!-- 第(2)空 -->
    <div id="count">
      <input type="button" id="countBtn" value="计算" (3)="countFun()"> <!-- 第
(3)空 -->
    </div>
  </div>
</body>
</html>
```

7.4.2 考核知识和技能

（1）readonly 属性。

（2）select 元素。

（3）引入 JS。

（4）函数定义。

（5）函数返回值。

（6）onclick 事件。

（7）DOM 操作。

（8）面向对象。

（9）原型和原型链。

7.4.3　index.html 文件【第（1）空】

此空考查表单属性。

（1）readonly 属性：规定输入字段为只读字段。

只读字段是不能被修改的。不过，用户仍然可以使用 Tab 键切换到该字段，还可以选中或复制其文本。

readonly 属性可以与<input type="text">或<input type="password">配合使用。

（2）disabled 属性：规定禁用 input 元素。

被禁用的 input 元素是无法使用和无法单击的。

```
<input value="项目提成" disabled>
```

效果如图 7-33 所示。

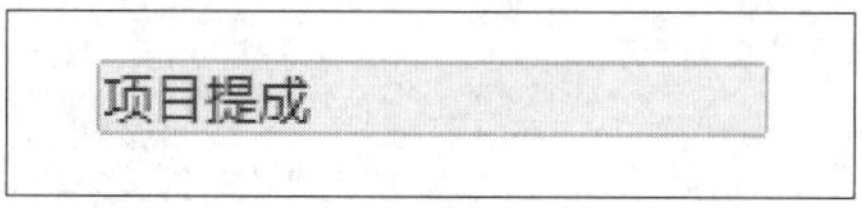

![项目提成]

图 7-33

根据题干"具体要求：项目提成为只读模式"，该属性应该为 readonly 属性。

综上所述，第（1）空填写 readonly。

7.4.4　index.html 文件【第（2）空】

此空考查 select 元素。

select 元素可以创建单选或多选下拉列表。select 元素中的<option>标签用于定义列表中的可用选项。

```
<select>
  <option value ="选项 1">选项 1</option>
  <option value ="选项 2">选项 2</option>
  <option value ="选项 3">选项 3</option>
</select>
```

效果如图 7-34 所示。

综上所述，第（2）空填写 select。

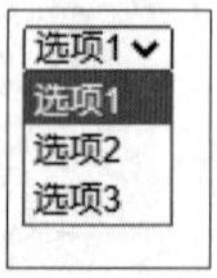

7.4.5　index.html 文件【第（3）空】

此空考查鼠标单击事件。

图 7-34

onclick 事件在单击鼠标时触发。

```
<button onclick="alert('单击按钮')">按钮</button>
```

效果如图 7-35 所示。

图 7-35

综上所述，第（3）空填写 onclick。

7.4.6　index.html 文件【第（4）空】

此空考查<script>标签引入 JavaScript 脚本（内部引入）。

在 HTML 中，JavaScript 代码位于<script>与</script>标签之间。

```
<!DOCTYPE html>
<html>
    <head>
        <meta charset="utf-8">
        <title>引入 JS</title>
        <script>alert('Hello, world');</script>
    </head>
    <body>
    </body>
</html>
```

效果如图 7-36 所示。

图 7-36

综上所述，第（4）空填写 script。

7.4.7　index.html 文件【第（5）、（9）空】

第（5）、（9）空考查 function 构造函数创建实例对象。

（1）使用字面量创建对象。

大括号就代表定义了一个对象，它被赋值给一个变量，所以该变量就指向一个对象。

如果属性值是一个函数，则通常把该属性称为方法。

```
var student={
    "name":'Bill',
    "age ":20,
    "sayName":function(){
        console.log("my name is " + this.name);
    }
}
//通过变量访问对象属性和方法
student.sayName();          //点运算符访问
student['sayName']();//中括号运算符访问
```

效果如图 7-37 所示。

读取对象的属性有两种方法，一种方法是使用点运算符，另一种方法是使用中括号运算符。如果一个属性的值为函数，那么它可以像函数那样调用。

示例如下：

```
var strategies={
    "1":function(){
        console.log('这是方法 1');
    },
    "2":function(){
        console.log('这是方法 2');
    },
    "3":function(){
        console.log('这是方法 3');
    }
}
strategies[3]();//访问对象属性
```

效果如图 7-38 所示。

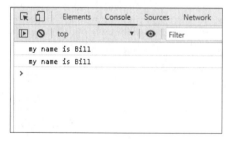

图 7-37

图 7-38

（2）使用构造函数创建对象。

所谓"构造函数"，其实就是一个普通函数，但是内部使用了 this 变量。对构造函数使用 new 运算符，就能生成实例，并且 this 变量会绑定在实例对象上。

```
function Student(name,age){
    this.name = name;
    this.age = age;
```

```
    this.sayName = function(){
        console.log("my name is " + this.name);
    }
}
var student1 = new Student("Bill", 20);
var student2 = new Student("Steve", 21);
```

当以 new 关键字调用时，会创建一个新的内存空间，函数体内部的 this 变量指向该内存空间。使用构造函数可以批量创建对象。

示例如下：

```
//编写构造函数
function bonus(){
    this.benefit=0;
}
//实例化构造函数为对象
var bonusCount =new bonus();
console.log(bonusCount.benefit);//访问对象属性
```

效果如图 7-39 所示。

图 7-39

综上所述，第（5）空填写 function，第（9）空填写 new。

7.4.8　index.html 文件【第（6）、（7）空】

第（6）、（7）空考查原型和原型链。

（1）prototype 属性：构造函数都有一个 prototype 属性，其指向另一个对象。这个对象的所有属性和方法都会被构造函数的实例继承。我们可以把那些不变的属性和方法，直接定义在 prototype 属性指向的对象上，这个对象也被称为原型对象。

```
function Student(name) {
    this.name = name;
}
Student.prototype.age=18;
Student.prototype.read = function() {
    console.log('看书');
};

var student1 = new Student('张三');
console.log(student1.age);
```

```
student1.read();
var student2 = new Student('李四');
console.log(student1.age);
student2.read();
```

关系如图 7-40 所示。

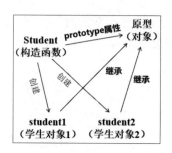

图 7-40

（2）_proto_属性：实例对象上有一个_proto_属性，该属性指向原型对象。_proto_属性不是标准属性，不可以用在编程中，该属性用于浏览器内部使用。

```
function Student(name) {
    this.name = name;
}

var student1 = new Student('张三');
var student2 = new Student('李四');
console.log(Student.prototype === student1.__proto__);
console.log(Student.prototype === student2.__proto__);
```

关系如图 7-41 所示。

（3）JavaScript 构造函数、原型对象、实例对象的关系。

① 每个构造函数都有一个原型对象，构造函数都包含一个指向原型对象的指针 prototype。

② 原型对象都包含一个指向构造函数的指针 constructor。

③ 每个实例对象都包含一个指向原型对象的内部指针_proto_。

构造函数、原型对象、实例对象的关系如图 7-42 所示。

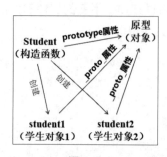

图 7-41

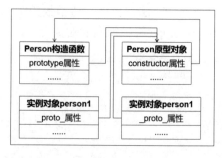

图 7-42

```
//Person 构造函数
function Person(){
```

```
}

//Person 构造函数的原型对象
console.log(Person.prototype);
console.log(Person.prototype.constructor);

//Person1 和 Person2 实例对象
var person1 = new Person();
var person2 - new Person();
console.log(person1.__proto__);
console.log(person2.__proto__);
//构造函数和每个实例对象指向同一个原型对象
console.log(person1.__proto__ === person2.__proto__);
console.log(person1.__proto__ === Person.prototype);
console.log(person2.__proto__ === Person.prototype);
```

效果如图 7-43 所示。

（4）原型链继承。

ECMAScript 中描述了原型链的概念，并将原型链作为实现继承的主要方法。其基本思想是利用原型让一个引用类型继承另一个引用类型的属性和方法。

原型链继承关系如图 7-44 所示。

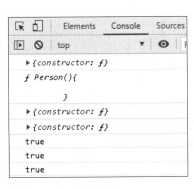

图 7-43　　　　　　　　　　　　　　　　图 7-44

```
//Person 构造函数
function Person(){
    this.color = ['red','yellow'];
}
//Man 构造函数
function Man(){

}
//原型链继承
Man.prototype = new Person();
//实例对象 man1 和 man2
var man1 = new Man();
```

```
var man2 = new Man();
//访问原型链上的属性
console.log(man1.color);
console.log(man2.color);
//修改原型链上的属性
man1.color.push('blue');
console.log(man1.color);
console.log(man2.color);
```

效果如图 7-45 所示。

```
▶ (2) ["red", "yellow"]
▶ (2) ["red", "yellow"]
▶ (3) ["red", "yellow", "blue"]
▶ (3) ["red", "yellow", "blue"]
```

图 7-45

综上所述，第（6）空填写 prototype，第（7）空填写_proto_。

7.4.9 index.html 文件【第（8）空】

此空考查 JavaScript 方法的 return 语句。

return 语句会终止函数的执行并返回函数的值。

综上所述，第（8）空填写 return。

7.4.10 index.html 文件【第（10）、（11）空】

第（10）、（11）空考查 DOM 操作。

DOM 操作：获取元素和文本域的值。

（1）getElementById()方法：返回对拥有指定 id 的第一个对象的引用。

```
<body>
  <input type="text" id="a1" class="a2" name="a3" />
</body>
<script>
  console.log(document.getElementById("a1"));
  console.log(document.getElementsByClassName("a2")[0]);
  console.log(document.getElementsByTagName("input")[0]);
  console.log(document.getElementsByName("a3")[0]);
</script>
```

效果如图 7-46 所示。

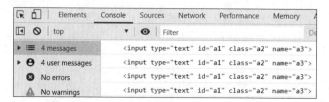

图 7-46

（2）value 属性：用于设置或返回属性的值。

```
<body>
    <input type="text" id="a1" value="123" />
    <div id="a2">
        <p>段落 1</p>
    </div>
</body>
<script>
    //获取输入框的值
    console.log(document.getElementById("a1").value);
    //获取 div 的内容（包括 HTML 标签）
    console.log(document.getElementById("a2").innerHTML);
</script>
```

效果如图 7-47 所示。

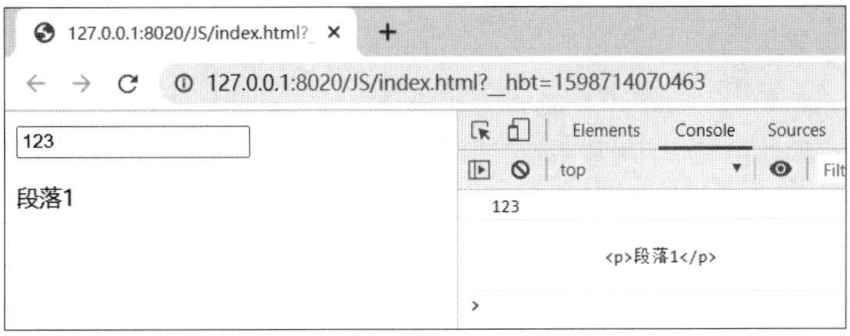

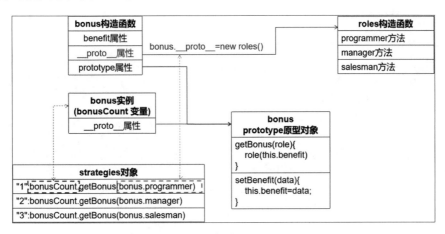

图 7-47

程序结构关系如图 7-48 所示。

图 7-48

综上所述，第（10）空填写 getElementById，第（11）空填写 value。

7.4.11　参考答案

本题参考答案如表 7-10 所示。

表 7-10

小题编号	参考答案
1	readonly
2	select
3	onclick
4	script
5	function
6	prototype
7	_proto_
8	return
9	new
10	getElementById
11	value

第8章
2021年实操试卷

8.1 试题一

8.1.1 题干和问题

阅读下列说明、效果图，打开"考生文件夹\60026\college"文件夹中的文件，阅读代码，进行移动端静态网页开发和美化，在第（1）至（14）空处填写正确的代码，操作完成后保存文件。

【说明】

在某页面中实现了一个移动端学院门户网站，网站用于展示学院简介，页面内容包括学院名称图片，以及学院最新发布的信息列表，效果如图 8-1 所示。项目名称为 college，包含首页文件 index.html。

具体要求：网页按照指定的形式排版（见图 8-1），导入提供的字体文件，每条信息之间有一个渐变带阴影的分割线，单击后的超链接变为红色，页底版权信息有文字阴影效果。

【效果图】

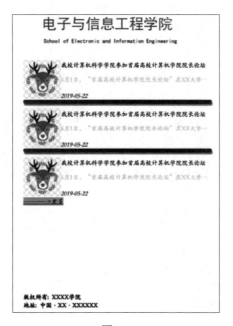

图 8-1

【问题】（28 分，每空 2 分）

根据注释，补全代码：

（1）打开"考生文件夹\60026\college"文件夹中的文件"index.html"，根据代码结构和注释，在第（1）至（2）空处填入正确的内容，完成后保存该文件。

（2）打开"考生文件夹\60026\college\css"文件夹中的文件"school.css"，根据代码结构和注释，在第（3）至（14）空处填入正确的内容，完成后保存该文件。

注意：除删除编号（1）至（14）并填入正确的内容外，不能修改或删除文件中的其他任何内容。

index.html 文件代码：

```
<!DOCTYPE html>
<html lang="en">
<head>
  <meta charset="UTF-8">
  <meta name="viewport" content="width=device-width, initial-scale=1.0">
  <(1) rel="stylesheet" (2)="css/school.css" type="text/css"><!-- 第（1）空和
第（2）空 -->
  <title>学院门户网站</title>
</head>
<body>
  <header>
    <a href="school.html">
      <img src="img/logo.jpg" id="img_logo">
    </a>
  </header>
  <section>
    <div class="div_article">
      <img src="img/article.jpg"/>
      <p>我校计算机科学学院参加首届高校计算机学院院长论坛</p>
      <span>6 月 1 日，"首届高校计算机学院院长论坛"在 XX 大学召开。...</span>
      <br/>
      <i>2019-05-22</i>
    </div>
    <div id="grad1"></div>
    <div class="div_article">
      <img src="img/article.jpg"/>
      <p>我校计算机科学学院参加首届高校计算机学院院长论坛</p>
      <span>6 月 1 日，"首届高校计算机学院院长论坛"在 XX 大学召开。...</span>
      <br/>
      <i>2019-05-22</i>
    </div>
    <div id="grad1"></div>
    <div class="div_article">
      <img src="img/article.jpg"/>
      <p>我校计算机科学学院参加首届高校计算机学院院长论坛</p>
      <span>6 月 1 日，"首届高校计算机学院院长论坛"在 XX 大学召开。...</span>
      <br/>
```

```
      <i>2019-05-22</i>
    </div>
    <div>
      <a href="#">————>更多</a>
    </div>
  </section>
  <footer>
    <p>版权所有：XXXX 学院
      <br/>
      地址：中国·XX·XXXXXX
      <br/>
    </p>
  </footer>
</body>
</html>
```

school.css 文件代码：

```
body,html{
  height: 100%;
  width: 100%;
  max-width: 500px;
  margin: 0px auto;
  font-family: "myFont";
}
header{
  height: 15%;
  width: 100%;
}
section{
  height: 75%;
  width: 100%;
}
footer{
  height: 10%;
  width: 100%;
}
@(3){ /* 导入 STKAITI.TTF 字体文件 第（3）空 */
  font-family: 'myFont';
  (4): (5)('../font/STKAITI.TTF');  /* 第（4）空和第（5）空 */
}
#img_logo{
  width: 100%;
  height: 100%;
}
section img{
  float: (6); /* 第（6）空 */
  width: 20%;
  height: 100%;
  margin-top: 13px;
}
```

```
section p{
  float: (6);  /* 第（6）空 */
  width: 80%;
}
section span{
  width: 80%;
  color: #D3D3D3;
  (7): hidden; /* 超出元素内容隐藏 第（7）空 */
  display: block;
  text-overflow: (8);  /* 文字内容超出时使用省略符号 第（8）空 */
  (9): nowrap;  /* 段落中文本不换行 第（9）空 */
}
section a:link{
  background-color: orange;
}
section a:(10){ /* 已访问超链接 第（10）空 */
  color: red;
}
#(11){ /* 分割线 第（11）空 */
  height: 10px;
  background: (12)(to right,red,blue);  /* 渐变色 第（12）空 */
  (13): 20px;  /* 圆角边框 第（13）空 */
  box-shadow: 2px 5px 2px #888888;
}
footer p{
  (14): 1px 1px #FF0000;  /* 文字阴影 第（14）空 */
}
```

8.1.2 考核知识和技能

（1）CSS3 伪类选择器。
（2）CSS3 边框新特性。
（3）CSS3 颜色渐变设置。
（4）CSS3 文字阴影设置。

8.1.3 index.html 文件【第（1）、（2）空】

第（1）、（2）空考查外部样式表的引入方式。
HTML 文件引用扩展名为.css 的样式表有两种方式：链接式和导入式。
链接式：

```
<link type="text/css" rel="stylesheet"  href="CSS 文件路径" />
```

导入式：

```
<style type="text/css">
  @import url("CSS 文件路径");
</style>
```

综上所述，第（1）空填写 link，第（2）空填写 href。

8.1.4　school.css 文件【第（3）～（5）空】

第（3）～（5）空考查 CSS 导入本地字体文件。

@font-face 定义一个用于文本显示的自定义字体，其特点如下。

（1）可以自定义字体名称和与名称对应的字体文件。

（2）可以消除用户对计算机字体的依赖。

（3）可以用于字体图标的引入。

@font-face 的属性、属性值及说明如表 8-1 所示。

表 8-1

属性	属性值	说明
font-family	name	必需的。定义字体的名称
src	URL	必需的。定义字体下载的网址或文件路径
font-stretch	normal/condensed/ultra-condensed/extra-condensed/ semi-condensed/expanded/semi-expanded/extra-expanded /ultra-expanded	可选。定义字体如何被拉长。默认值是"normal"
font-style	normal/italic/oblique	可选。定义字体的样式。默认值是"normal"
font-weight	normal/bold/100/200/300/400/500/600/700/800/900	可选。定义字体的粗细。默认值是"normal"

导入示例如下：

```
@font-face {
    font-family: *****;          //定义字体的名称
    src: url(font/*****.ttf);    //把下载的字体文件引入进来
}
```

综上所述，第（3）空填写 font-face，第（4）空填写 src，第（5）空填写 url。

8.1.5　school.css 文件【第（6）空】

此空考查 CSS 浮动布局。

float 属性定义元素在哪个方向浮动。通常 float 属性应用于图像，使文本围绕在图像周围，不过在 CSS 中，任何元素都可以浮动。浮动元素会生成一个块级框，而不论它本身是何种元素。

float 属性的语法格式为 float:none | left | right | inherit。默认值 none 表示元素不浮动，并会显示于其在文本中出现的位置。常用的属性值为 left 和 right。

浮动的特点如下。

（1）默认宽度为内容宽度。

（2）脱离了文档流。

（3）向指定方向一直移动。

（4）浮动元素在同一文档流中。

（5）浮动元素是半脱离文档流（对元素而言脱离文档流，对内容而言仍在文档流中）。

综上所述，根据效果图中图片和段落的位置（从左侧排列）可知，第（6）空填写 left。

8.1.6　school.css 文件【第（7）～（9）空】

第（7）～（9）空考查 CSS 文字段落样式设置。

CSS 文字段落样式设置如下。

（1）对齐方式的设置。

① text-align：设置文本的水平对齐方式。

② vertical-align：设置行内元素的垂直对齐基准线。

③ line-height：设置行高。

当元素的 line-height 属性值等于 height 属性值时，可使元素内容垂直居中。当元素不设置 height 属性值时，line-height 属性值为元素的默认高度。

不建议使用单位值赋给 line-height，因为实际效果可能不符合预期。

（2）排版的设置。

① letter-spacing：字符的间距，可以为负值。

② text-indent：文本缩进，可以为负值。

③ column-xxxx（column 系列）：设置文本分栏/多列。

（3）单词断行规则。

单词断行规则的语法格式为 word-break:normal | break-all | keep-all | break-word（移除）。

（4）空白符的处理规则。

white-space 属性用于处理空白符，其属性值及说明如表 8-2 所示。

表 8-2

属性值	换行符	空格和制表符	文字换行	行尾空格
normal	合并	合并	换行	删除
nowrap	合并	合并	不换行	删除
pre	保留	保留	不换行	保留
pre-wrap	保留	保留	换行	挂起
pre-lines	保留	合并	换行	删除
break-spaces	保留	保留	换行	换行

（5）溢出内容的处理。

text-overflow 属性用于处理溢出内容，其属性值如下。

① clip。

clip 为默认值。由于 clip 关键字的意思是"在内容区域的极限处截断文本"，所以在字符的中间可能发生截断。如果目标浏览器支持 text-overflow: "，为了能在两个字符过渡处截断，则可以使用一个空字符串值（''）作为 text-overflow 属性的值。

② ellipsis。

ellipsis 关键字的意思是"用一个省略号（'…',U+2026 HORIZONTAL ELLIPSIS）来表示被截断的文本"。由于这个省略号被添加在内容区域中，所以会减少显示的文本。如果空间小到连省略号都容纳不下，那么这个省略号也会被截断。

（6）overflow 属性用于定义当一个元素的内容太大而无法适应块级格式化上下文时该做什么。overflow 是 overflow-x 和 overflow-y 的简写属性。overflow 属性的属性值如下。

① visible：默认值。内容不会被修剪，可以呈现在元素框之外。

② hidden：如果需要的话，那么内容将被剪裁以适合填充框。不提供滚动条。

③ scroll：如果需要的话，那么内容将被剪裁以适合填充框。浏览器显示滚动条，无论是否实际剪裁了任何内容。这可以防止滚动条在内容更改时出现或消失。打印机仍可能打印溢出的内容。

④ auto：取决于用户代理。如果内容适合填充框内部，则它看起来与可见内容相同，但仍会建立新的块级格式化上下文。如果内容溢出，则浏览器会提供滚动条。

⑤ overlay：行为与 auto 相同，但滚动条绘制在内容之上而不占用空间。仅在基于 Webkit（如 Safari）和基于 Blink 的（如 Chrome 或 Opera）浏览器中受支持。

综上所述，第（7）空填写 overflow，第（8）空填写 ellipsis，第（9）空填写 white-space。

8.1.7　school.css 文件【第（10）空】

此空考查 CSS 中超链接常用的样式控制。

超链接常用的样式控制包括超链接伪类和 CSS 鼠标样式。

（1）超链接伪类可以定义链接在不同状态时的样式，使用方法如下。

① 选择器:link{CSS 样式}，定义元素未访问时的样式。

② 选择器:visited{CSS 样式}，定义元素访问后的样式。

③ 选择器:hover{CSS 样式}，定义鼠标指针经过元素时的样式。

④ 选择器:actived{CSS 样式}，定义鼠标指针单击激活时的样式（瞬间）。

```
<head>
    <title>超链接伪类</title>
    <style type="text/css">
    #div1 {
        width: 100px;
        height: 30px;
        line-height: 30px;
        border: 1px solid #CCCCCC;
        text-align: center;
    }

    a {
        text-decoration: none;
        font-size: 18px;
    }

    #x:link {
        color: red
    }

    #x:visited {
```

```
        color: purple;
    }

    #x:hover {
        color: yellow;
        text-decoration: underline;
    }

    #x:active {
        color: green;
    }
    </style>
</head>
<body>
    <div id="div1">
        <a id="x" href="http://www.baidu.com">百度一下</a>
    </div>
</body>
```

（2）一般情况下，超链接只需设置未访问时和鼠标指针经过时的状态，而未访问时的样式可以直接对<a>标签设置样式，因此超链接伪类一般只会用到 hover。

```
<head>
    <title>超链接伪类</title>
    <style type="text/css">
    #div1 {
        width: 100px;
        height: 30px;
        line-height: 30px;
        border: 1px solid #CCCCCC;
        text-align: center;
    }
    /*text-decoration:none 可以取消 a 标签自带的下画线样式*/
    a {
        text-decoration: none;
        color: purple
    }
    a:hover {
        color: white
    }
    </style>
</head>
<body>
<div id="div1">
        <a href="http://www.baidu.com">百度一下</a>
    </div>
</body>
```

综上所述，题目中是已访问超链接的状态，故第（10）空填写 visited。

8.1.8　school.css 文件【第（11）空】

此空考查 CSS 选择器。

CSS 选择器：指定 CSS 要作用的标签，该标签的名称就是选择器。意为选择哪个容器。

常用的 CSS 选择器如下。

（1）标签选择器（也叫元素选择器）：利用标签名选中所有同名的 HTML 标签，并把样式应用到这些标签上。标签选择器常和其他选择器一起使用。

语法格式如下：

```
标签名{
    声明；
}
```

（2）id 选择器：id 值必须是唯一的，在一个页面中只能出现一次。出现重复的 id 值是不符合规范的。所有标签都有 id 属性。id 值命名的规范：由字母、下画线、中画线、数字组成，不能以数字开头。

语法格式如下：

```
#id 值{
    声明；
}
```

（3）类选择器：类选择器是通过标签中的 class 属性来选中标签的，class 值可以不唯一。类选择器选中的是拥有相同 class 值的标签。一个标签可以拥有多个 class 值。class 值的命名规范与 id 值的命名规范相同。

语法格式如下：

```
.class 值{
    声明；
}
```

（4）通配符选择器（*）：表示选中所有标签（包括 body 标签）。使用场景为清除标签的默认样式。

语法格式如下：

```
*{
    声明；
}
```

（5）后代选择器：通过标签的嵌套关系来缩小选择范围，在范围内查找相关的元素。选择器 1 必须是选择器 2 的祖先元素。当要对某些元素中的某些元素修改样式时，就可以使用后代选择器。

语法格式如下：

```
选择器 1 选择器 2{
```

```
            声明；
        }
```

（6）子代选择器：通过标签的嵌套关系来选中相应标签的子元素。">"左右两边的关系必须是父子关系。

语法格式如下：

```
选择器 1>选择器 2{
    声明；
}
```

综上所述，题目中考查的是 id 选择器，故第（11）空填写 grad1。

8.1.9 school.css 文件【第（12）、（13）空】

第（12）、13）空考查 CSS3 边框新特性和 CSS3 颜色渐变设置。

（1）CSS3 边框新特性如表 8-3 所示。

表 8-3

属性	说明
border-radius	设置或检索对象使用圆角边框
box-shadow	设置或检索对象使用阴影
border-image	设置或检索对象的边框样式使用图像进行填充

（2）linear-gradient 是一种实现线性渐变的属性。linear-gradient 属性的特点是线性地控制渐变。其语法格式为 linear-gradient([[[| to [top | bottom] || [left | right]],]? [,]+);。

① 控制线性变化的参数可以是多个，以逗号分隔。

② 每个控制线性变化的单元都由两部分组成。

③ 第一部分是线性变化的方向，有两种形式：第一种形式是角度，顺时针增加，比较灵活；第二种形式包含 to 和两个关键字，第一个关键字指出水平位置 left 或 right，第二个关键字指出垂直位置 top 或 bottom。关键字的先后顺序无影响，且都是可选的。to top、to bottom、to left 和 to right 这些值会被转换成角度 0°、180°、270° 和 90°。其余值会被转换为一个以顶部中央方向为起点顺时针旋转的角度。这种相对于角度的设置，比较单一，只能设置 8 个方向（两个是夹角方向）。

④ 第二部分是变化的颜色，默认渐变过程平分整个区域，可以以颜色+停止点的形式设置某一个颜色变化的位置区间，该单元支持多个参数，理论上没有限制。即 linear-gradient(角度或(to +方向)，颜色单元);。

综上所述，第（12）空填写 linear-gradient，第（13）空填写 border-radius。

8.1.10 school.css 文件【第（14）空】

此空考查 CSS3 文字阴影设置。

在 CSS3 中可以使用 text-shadow 属性给页面上的文字添加阴影效果，通过对 text-shadow 属性设置相关的属性值来实现需要的字体阴影效果。

text-shadow 属性的使用方法为 text-shadow:*X* 轴 *Y* 轴 blur color;。

属性说明（顺序依次对应）：阴影的 *X* 轴（可以使用负值），阴影的 *Y* 轴（可以使用负值），阴影的模糊值（半径大小），阴影的颜色。

（1）位移距离：在 text-shadow 属性的参数中，前两个参数是阴影离开文字的横方向和纵方向的位移距离，使用该属性时必须指定这两个参数。

（2）阴影的模糊半径：text-shadow 属性的第 3 个参数是阴影模糊半径，代表阴影向外模糊时的范围。

（3）阴影的颜色：text-shadow 属性的第 4 个参数是绘制阴影时所使用的颜色，可以放在 3 个参数之前，也可以放在 3 个参数之后。当没有指定颜色值的时候，会使用文本的颜色值（color）。

```
<style>
   div{
     text-shadow: 2px 3px 1px pink;
     color: blue;
   }
</style>
<body>
   <div>设置文字的阴影</div>
</body>
```

综上所述，第（14）空填写 text-shadow。

8.1.11 参考答案

本题参考答案如表 8-4 所示。

表 8-4

小题编号	参考答案
1	link
2	href
3	font-face
4	src
5	url
6	left
7	overflow
8	ellipsis
9	white-space
10	visited
11	grad1
12	linear-gradient
13	border-radius
14	text-shadow

8.2　试题二

8.2.1　题干和问题

阅读下列说明、效果图，打开"考生文件夹\60028\compute"文件夹中的文件，阅读代码，进行静态网页开发，在第（1）至（14）空处填写正确的代码，操作完成后保存文件。

【说明】

在某页面中实现了一个网页计算器，可以在网页中计算简单的算式，效果如图 8-2 所示。项目名称为 compute，包含首页文件 index.html。

具体要求：在输入框中输入算式并验证算式。单击虚拟键盘输入算式，效果如图 8-3 所示，单击"="按钮后计算算式结果，效果如图 8-4 所示，单击"AC"按钮清空输入。

【效果图】

图 8-2

图 8-3

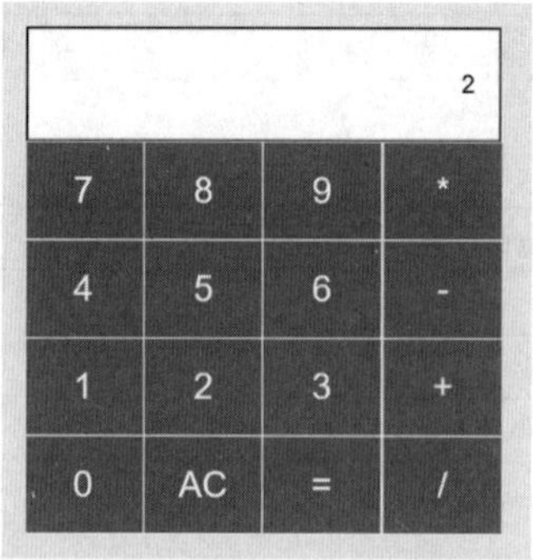

图 8-4

【问题】（28 分，每空 2 分）

根据注释，补全代码：

（1）打开"考生文件夹\60028\compute"文件夹中的文件"index.html"，根据代码结构和注释，在第（1）至（4）空处填入正确的内容，完成后保存该文件。

index.html 文件代码：

```html
<!DOCTYPE HTML PUBLIC "-//W3C/ /DTD HTML 4.0 1 Transitional/ /EN">
<html>
<head>
    <meta charset="UTF-8">
    <( 1 ) type="text/javascript" ( 2 )="js/index.js" ></( 1 )>  <!-- 第（1）
空和第（2）空 -->
    <link rel="stylesheet" href="css/style.css">
    <title>Document</title>
</head>
<body>
<div class="calculator">
    <input type="text" class="output" value="" id="output" ( 3 )="fn()"/>
<!-- 输入框失去焦点时验证算式 第（3）空 -->
    <div class="numbers">
        <!-- 在每个 input 标签内部注册对应的对象中的计算方法-->
        <input type="( 4 )" value="7" onclick="calculator.numberClick(value)">
<!-- 第（4）空 -->
        <input type="( 4 )" value="8" onclick="calculator.numberClick(value)">
<!-- 第（4）空 -->
        <input type="( 4 )" value="9" onclick="calculator.numberClick(value)">
<!-- 第（4）空 -->
        <input type="( 4 )" value="4" onclick="calculator.numberClick(value)">
<!-- 第（4）空 -->
        <input type="( 4 )" value="5" onclick="calculator.numberClick(value)">
<!-- 第（4）空 -->
        <input type="( 4 )" value="6" onclick="calculator.numberClick(value)">
<!-- 第（4）空 -->
        <input type="( 4 )" value="1" onclick="calculator.numberClick(value)">
<!-- 第（4）空 -->
        <input type="( 4 )" value="2" onclick="calculator.numberClick(value)">
<!-- 第（4）空 -->
        <input type="( 4 )" value="3" onclick="calculator.numberClick(value)">
<!-- 第（4）空 -->
        <input type="( 4 )" value="0" onclick="calculator.numberClick(value)">
<!-- 第（4）空 -->
        <input type="( 4 )" value="AC" onclick="calculator.cleanClick(value)">
<!-- 第（4）空 -->
        <input type="( 4 )" value="=" onclick="calculator.equalClick(value)">
<!-- 第（4）空 -->
    </div>
    <div class="operators">
        <input type="( 4 )" value="*" onclick="calculator.operatorClick(value)">
<!-- 第（4）空 -->
        <input type="( 4 )" value="-" onclick="calculator.operatorClick(value)">
<!-- 第（4）空 -->
        <input type="( 4 )" value="+" onclick="calculator.operatorClick(value)">
<!-- 第（4）空 -->
        <input type="( 4 )" value="/" onclick="calculator.operatorClick('/')">
```

```
<!-- 第（4）空 -->
    </div>
</div>
</body>
</html>
```

（2）打开"考生文件夹\60028\compute\js"文件夹中的文件"index.js"，根据代码结构和注释，在第（5）至（14）空处填入正确的内容，完成后保存该文件。

index.js 文件代码：

```
//输入数字方法
var numberClick = ( 5 ) (value) {        //第（5）空
    var val = document.getElementById("output").value;
    //显示框为 0 时，输入 0 无效
    if (value == "0" && val == "0") {
        return;
    }
    if (val == "0") {
        //如果显示框为 0，则去掉 0，只显示输入值
        document.getElementById("output").value = value;
    } else {
        //在显示框中显示对应字符
        document.getElementById("output").value = val + value;
    }
}


//输入运算符方法
var operatorClick = ( 5 ) (value) {      //第（5）空
    var val = document.getElementById("output").value;
    //判断是否连续输入了两个运算符，运算符后面输入数字，不能连续输入多个运算符
    if (val[val.length - 1] == " ") {
        return;
    }
    //在显示框中显示对应运算符
    document.getElementById("output").value = val + " " + value + " ";
};

//计算方法
var equalClick = ( 5 ) () {        //第（5）空
    //分割算术数组
    ( 6 ).number = document.getElementById("output").value.( 7 )(" ");
    //第（6）空和第（7）空

    //计算乘除
    for (var index = 0; index < this.number.( 8 ); index++) {      //第（8）空
        if (this.number[index] == "*" || this.number[index] == "/") {
            // 若输入的字符最后为"乘"或"除"运算符，则在最后面加 1
            if (this.number[index + 1] == " ") {
```

```
                    this.number[index + 1] = 1;
            }
            if (this.number[index] == "*") {
                // 删除数组内已计算数字, 并添加计算后数字
                var index_num = Number(index);
                var firstNum = Number(this.number[index_num - 1]);
                var secondNum = Number(this.number[index_num + 1]);
                var result = firstNum * secondNum;
                this.number.splice(index_num - 1, 3, result);
            } else if (this.number[index] == "/") {
                // 删除数组内已计算数字, 并添加计算后数字
                var index_num = Number(index);
                var firstNum = Number(this.number[index_num - 1]);
                var secondNum = Number(this.number[index_num + 1]);
                var result = firstNum / secondNum;
                this.number.splice(index_num - 1, 3, result);
            }
            index--;
        }
    }
    //计算加减
    for (var index = 0; index < this.number.( 8 ); index++) { //第（8）空
        if (this.number[index] == "+" || this.number[index] == "-") {
            if (this.number[index] == "+") {
                // 删除数组内已计算数字, 并添加计算后数字
                var index_num = Number(index);
                var firstNum = Number(this.number[index_num - 1]);
                var secondNum = Number(this.number[index_num + 1]);
                var result = firstNum + secondNum;
                this.number.splice(index_num - 1, 3, result);
            } else if (this.number[index] == "-") {
                // 删除数组内已计算数字, 并添加计算后数字
                var index_num = Number(index);
                var firstNum = Number(this.number[index_num - 1]);
                var secondNum = Number(this.number[index_num + 1]);
                var result = firstNum - secondNum;
                this.number.splice(index_num - 1, 3, result);
            }
            index--;
        }
    }
    document.getElementById("output").value = this.number[0];
};

//清空数据
var cleanClick = ( 5 ) () {        //第（5）空
    document.getElementById("output").value = "";
};
```

```
/*验证文本框的内容*/
var fn = ( 5 ) () {              //第（5）空
    var val = document.getElementById("output").value;
    var reg = new ( 9 )("^\\d+([+*/-]\\d+)+$"); /* 正则 第（9）空 */
    if (!reg.( 10 )(val)) { /*如果验证不通过，则弹出提示，并置空文本框  第（10）空 */
        ( 11 )("请输入正确的计算表达式");       //第（11）空
        document.getElementById("output").value = "";
        return false;
    } else { /*如果验证通过，则进行计算*/
        /*获取运算符号*/
        var reg1 = /[+*/-]/g;
        var str = (val.( 12 )(reg1));            //第（12）空
        /*获取数字*/
        var reg2 = /\d+/g;
        var str2 = (val.( 12 )(reg2));    //第（12）空
        var str1 = [];
        var res = "";
        /*在运算符和数字之间加入一个空格符号*/
        for (var i = 0; i < str.length; i++) {
            str1[i] = " " + str[i] + " ";
            res += str2[i] + str1[i];
        }
        var res1 = res + str2[str2.length - 1];
        document.getElementById("output").value = res1;
    }
}

//计算对象
var calculator = {
    //保存输入的数字和符号数据
    number: [],
    //计算方法
    numberClick: numberClick,
    operatorClick: operatorClick,
    equalClick: ( 13 ),    //第（13）空
    cleanClick: ( 14 )     //第（14）空
};
```

8.2.2　考核知识和技能

（1）HTML 文件的标签。

（2）JavaScript 的引入方式。

（3）JavaScript 基本语法。

（4）数组。

（5）函数。

（6）对象。

（7）String 对象。

（8）Window 对象。

（9）事件的绑定与触发。

（10）正则表达式。

8.2.3　index.html 文件【第（1）、（2）空】

第（1）、（2）空考查 JavaScript 语句的外链式引入方式、相对路径。

（1）JavaScript 外链式引入方式。

外链式是指将 JavaScript 代码保存到一个以 js 为扩展名的文件中，然后使用<script>标签的 src 属性将其引入网页文件中。

（2）相对路径。

相对路径是以文件所在的位置为起点，到被链接文件通过的路径。其表示方法如下。

```
../[相对目录]/../[文件名]
```

其中，".."表示上一级目录。

① 如果在链接中，源端点与目标端点位于同一个目录下，则在链接路径中只需指明目标端点的文档名称。

② 如果链接指向的文档位于当前目录的子级目录中，则可以直接输入子级目录名称和文档名称。

③ 如果在链接中目标端点位于源端点的上级目录，则可以利用".."表示当前位置的父级目录，利用多个".."表示更高的父级目录。

本题的站点目录如图 8-5 所示。综上所述，第（1）空填写 script，第（2）空填写 src。

图 8-5

```
<script type="text/javascript" src="js/index.js" ></script>  <!-- 第（1）空和
第（2）空 -->
```

8.2.4　index.html 文件【第（3）空】

此空考查焦点事件。

焦点事件如表 8-5 所示。

表 8-5

事件名称	事件触发时机
onfocus	当获得焦点时触发
onblur	当失去焦点时触发

注意：如果使用 addEventListener 注册事件，则不需要加 on。

综上所述，第（3）空填写 onblur。

```
<input type="text" class="output" value="" id="output" onblur="fn()"/>
<!-- 输入框失去焦点时验证算式 第（3）空 -->
```

8.2.5 index.html 文件【第（4）空】

此空考查<input>标签。

（1）<input>标签的语法格式如下。

```
<input name="field_name" type="type_name">
```

name：插入对象的名称。

type：类型。

（2）type 属性值及描述如表 8-6 所示。

表 8-6

type 属性值	描述
text	文本域
password	密码域
file	文件域
radio	单选按钮
checkbox	复选框
submit	提交按钮
reset	重置按钮
button	普通按钮
hidden	隐藏域
image	图像域

综上所述，第（4）空填写 button。

```
<input type="button" value="7" onclick="calculator.numberClick(value)">
<!-- 第（4）空 -->
```

8.2.6 index.js 文件【第（5）空】

此空考查利用函数表达式的方法定义函数。

函数是封装了一段可被重复调用执行的代码块，通过此代码块可以实现代码的重复使用。函数表达式指的是将声明的函数赋值给一个变量，通过变量完成函数的调用和参数的传递。参数是外界传递给函数的值，它是可选的，多个参数之间使用 ","分隔。函数体是专门用于实现特定功能的主体，由一条或多条语句组成。函数定义的语法格式如下。

```
var 变量名=function ([参数1，参数2，……])
{
    函数体
}
```

综上所述，第（5）空填写 function。

```
var numberClick = function (value) {……}          //第（5）空
```

8.2.7 index.js 文件【第（6）、（13）、（14）空】

第（6）、（13）、（14）空考查利用对象字面量创建对象及对象的使用方法。

（1）利用对象字面量创建对象。

对象的定义是通过 "{}"语法实现的。对象由对象成员（属性和方法）构成，多个成员之间使用逗号分隔。对象的成员以键-值对的形式存放在{}中。

在本题的 index.js 文件中，利用对象字面量创建了 1 个名为 calculator 的对象。calculator 对象包含 1 个名为 number 的属性和 4 个方法，方法名分别为 numberClick、operatorClick、equalClick、cleanClick。number 属性值为数组，4 个方法对应 4 个同名的匿名函数（4 个匿名函数的定义见 index.js 文件）。

```
var calculator = {
    number: [],
    numberClick: numberClick,
    operatorClick: operatorClick,
    equalClick: equalClick,    //第（13）空
    cleanClick: cleanClick    //第（14）空
};
```

（2）访问对象属性的方法为对象.属性名。调用对象的方法为对象.方法名()。本题第（6）空处的代码为给 calculator 对象的 number 数组赋值。

```
calculator.number =    ……                            //第（6）空
```

综上所述，第（6）空填写 calculator，第（13）空填写 equalClick，第（14）空填写 cleanClick。

8.2.8 index.js 文件【第（7）空】

此空考查 String 对象的 split()方法。

split()方法用于切分字符串，它可以将字符串切分为数组。在切分完毕之后，返回的是一个新数组。其语法格式如下。

```
字符串.split("分割字符")
```

例如：字符串'a b c d'（每两个字符之间有个空格），以空格为分割字符，对字符串进行分割，并把结果显示在控制台中，代码如下。

```
var arr='a b c d'.split(' ')
console.log(arr)
```

其运行结果为长度为 4 的数组，如图 8-6 所示。

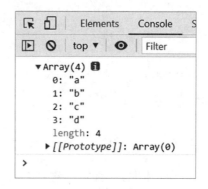

图 8-6

本题第（7）空处的代码的作用是获取计算器显示框中的字符串，并将其分割为数组，以便后续进行计算。例如，从图 8-3 所示的输入框中获取的字符串为"1 + 1"（注意：运算符"+"左右有两个空格。添加空格的功能是在输入框中输入算式后由失焦事件触发的函数 fn 完成的，或者是由在虚拟键盘上单击输入算式，单击运算符时触发的 calculator.operatorClick() 方法完成的），将该字符串分割为数组["1","+","1"]。

```
document.getElementById("output").value.split(" ");   //第(7)空
```

综上所述，第（7）空填写 split。

8.2.9　index.js 文件【第（8）空】

此空考查获取数组的长度和数组的遍历。

（1）在默认情况下，数组的长度表示数组中元素的个数。使用"数组名.length"可以访问数组元素的数量（数组长度）。

例如：

```
var arr1 = [100,200,300];
console.log(arr1.length)          // 运行结果为 3
```

（2）数组的遍历。

数组的遍历就是把数组中的每个元素从头到尾访问一次，可以通过 for 循环遍历数组中的每一项。

例如：

```
var arr1 = [100,200,300];
for(var i = 0;i < arr1.length;i++){
    console.log(arr1[i])
}
```

上述代码的运行结果如图 8-7 所示。

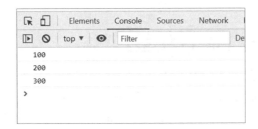

图 8-7

本题第（8）空出现在"计算乘除"和"计算加减"两个程序块的初始位置，这两个程序块的功能是对分割好的数组进行遍历，并完成后续计算。

```
for (var index = 0; index < this.number.length; index++) {......}    //第（8）空
```

综上所述，第（8）空填写 length。

8.2.10 index.js 文件【第（9）、（10）空】

第（9）、（10）空考查通过 RegExp()构造函数创建正则表达式和 RegExp 对象的 test()方法。

（1）正则表达式（Regular Expression，简称 RegExp）是一种描述字符串结构的语法规则，是用于匹配字符串中字符组合的模式，同时正则表达式也是对象。创建正则表达式的方法有两种，一种是字面量法，另一种是通过 RegExp()构造函数创建。

① 字面量法的语法格式如下。

```
/pattern/flags
```

② RegExp()构造函数方法的语法格式如下。

```
new RegExp(pattern [, flags])
```

pattern 是由元字符和文本字符组成的正则表达式模式文本。元字符是具有特殊含义的字符，如"^"、"."或"*"等。文本字符就是普通的文本，如字母和数字等。flags 表示模式修饰标识符，用于进一步对正则表达式进行设置。

（2）RegExp 对象的 test()方法用来检测正则表达式与指定的字符串是否匹配。如果匹配成功，则 test()方法的返回值为 true，否则返回 false。

具体使用示例如下。

```
var reg= new RegExp("^\\d+([+*/-]\\d+)+$");          //定义正则 reg
console.log(reg.test("3+2"));                        //输出结果为: true
console.log(reg.test("32"));                         //输出结果为: false
console.log(reg.test("32-"));                        //输出结果为: false
console.log(reg.test("*"));                          //输出结果为: false
console.log(reg.test("+4"));                         //输出结果为: false
```

综上所述，第（9）空填写 RegExp，第（10）空填写 test。

```
var reg = new RegExp ("^\\d+([+*/-]\\d+)+$");        /* 正则 第（9）空 */
if (!reg.test (val)) {......}
/*如果验证不通过，则弹出提示，并置空文本框第（10）空 */
```

8.2.11 index.js 文件【第（12）空】

此空考查 String 对象的 match()方法。

String 对象的 match()方法可以在目标字符串中根据正则匹配出符合要求的内容，匹配成功的结果被保存到数组中，匹配失败则返回 false。

具体使用示例如下。

```
var reg1=/[+*/-]/g;          //定义正则 reg1
var val="3+2*6-1";           //定义字符串 val
var str1=val.match(reg1);    //在 val 中根据正则 reg1 匹配，并将结果保存到 str1 中
console.log(str1)            //str1 结果为["+", "*", "-"]
var reg2=/\d+/g;             //定义正则 reg2
var str2=val.match(reg2);    //在 val 中根据正则 reg2 匹配，并将结果保存到 str2 中
console.log(str2);           // str2 结果为 ["3", "2", "6", "1"]
```

综上所述，第（12）空应该填 match。

```
var str = (val.match (reg1));   //第（12）空
```

8.2.12 index.js 文件【第（11）空】

此空考查 Window 对象操作对话框。

Window 对象提供了弹出对话框的方法，常见的方法和说明如表 8-7 所示。

表 8-7

方法	说明
alert(msg)	显示带有一段消息和一个"确定"按钮的对话框
confirm(msg)	显示带有一段消息和"确定"按钮、"取消"按钮的对话框
prompt(info)	浏览器弹出输入框，用户可以输入内容

综上所述，第（11）空填 alert。

```
alert("请输入正确的计算表达式");//第（11）空
```

其运行结果如图 8-8 所示。

图 8-8

8.2.13 参考答案

本题参考答案如表 8-8 所示。

表 8-8

小题编号	参考答案
1	script
2	src
3	onblur
4	button
5	function
6	calculator
7	split
8	length
9	RegExp
10	test
11	alert
12	match
13	equalClick
14	cleanClick

8.3　试题三

8.3.1　题干和问题

阅读下列说明、效果图，打开"考生文件夹\60025\news"文件夹中的文件，阅读代码，进行静态网页开发，在第（1）至（11）空处填写正确的代码，操作完成后保存文件。

【说明】

在某页面中实现了一个新闻网站，用户登录后可以查看热点要闻列表和焦点新闻列表，效果如图 8-9 和图 8-10 所示。项目名称为 news，包含登录页文件 index.html 和新闻列表页文件 news.html。

具体要求：在登录页面中使用表单提交账号和密码（见图 8-9），新闻列表页面显示热点要闻列表和焦点新闻列表（见图 8-10）。

【效果图】

图 8-9

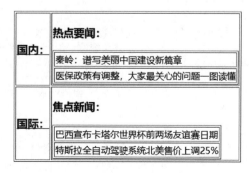

图 8-10

【问题】（22分，每空2分）

（1）打开"考生文件夹\60025\news"文件夹中的文件"index.html"和"news.html"，根据代码结构和注释，在第（1）至（2）空处填入正确的内容，完成后保存该文件。

（2）打开"考生文件夹\60025\news"文件夹中的文件"index.html"，根据代码结构和注释，在第（3）至（8）空处填入正确的内容，完成后保存该文件。

（3）打开"考生文件夹\60025\news"文件夹中的文件"news.html"，根据代码结构和注释，在第（9）至（11）空处填入正确的内容，完成后保存该文件。

注意：除删除编号（1）至（11）并填入正确的内容外，不能修改或删除文件中的其他任何内容。

index.html 文件代码：

```
<!DOCTYPE html>
<html lang="en">
<head>
    <meta (1)="UTF-8"><!-- 网页编码 第（1）空 -->
    <meta name="viewport" content="width=device-width, user-scalable=no,
initial-scale=1.0, maximum-scale=1.0, minimum-scale=1.0">
    <meta http-equiv="X-UA-Compatible" content="ie=edge">
    <(2)>登录</(2)><!-- 网页标题 第（2）空 -->
</head>
<body>
    <h1>这是一个新闻网站</h1>
    <h2>登录页面</h2>
    <form (3)="news.html" (4)="get"><!-- 表单，第（3）空和第（4）空 -->
        账号: <input type="(5)" name="user" /><!--文本框，第（5）空-->
        <br/>
        密码: <input type="(6)" name="password" /><!--密码文本框，第（6）空-->
        <br/>
        <input type="(7)" (8)="登录" /><!--登录按钮，第（7）空和第（8）空-->
    </form>
</body>
</html>
```

news.html 文件代码：

```
<!DOCTYPE html>
<html lang="en">
<head>
    <meta (1)="UTF-8"><!-- 网页编码 第（1）空 -->
    <meta name="viewport" content="width=device-width, user-scalable=no,
initial-scale=1.0, maximum-scale=1.0, minimum-scale=1.0">
    <meta http-equiv="X-UA-Compatible" content="ie=edge">
    <(2)>新闻</(2)><!--网页标题 第（2）空 -->
</head>
<(9)> <!-- 第（9）空 -->
<table (10)="1"><!--表格，边框1px 第（10）空 -->
    <tr><!--表格的一行-->
        <td><!---行中的单元格-->
```

```
        <a (11)="#"><h3>国内：</h3></a> <!-- 第（11）空 -->
    </td>
    <td>
        <h3>热点要闻：</h3>
        <table (10)="1"><!--嵌套的表格 第（10）空-->
            <tr>
                <td>秦岭：谱写美丽中国建设新篇章</td>
            </tr>
            <tr>
                <td>医保政策有调整，大家最关心的问题一图读懂</td>
            </tr>
        </table>
    </td>
</tr>
<tr>
    <td>
        <h3>
            <a (11)="#">国际：</a> <!-- 第（11）空 -->
        </h3>
    </td>
    <td>
        <h3>焦点新闻：</h3>
        <table (10)="1"><!--嵌套的表格，边框1px 第（10）空 -->
            <tr>
                <td>巴西宣布卡塔尔世界杯前两场友谊赛日期</td>
            </tr>
            <tr>
                <td>特斯拉全自动驾驶系统北美售价上调25%</td>
            </tr>
        </table>
    </td>
</tr>
</table>
</(9)> <!-- 第（9）空 -->
</html>
```

8.3.2　考核知识和技能

（1）HTML 基本结构。

（2）表单属性。

（3）input 表单控件属性。

（4）表格边框属性。

（5）超链接属性。

8.3.3　index.html 文件【第（1）、（2）空】和 news.html 文件【第（1）、（2）、（9）空】

第（1）、（2）、（9）空考查 HTML 基本结构、<meta>标签的属性、<title>标签和<body>

标签。

（1）HTML4 基本结构。

```
<!--1.HTML4 声明-->
<!DOCTYPE HTML PUBLIC "-//W3C//DTD HTML 4.01//EN" "http://www.w3.org/TR/
html4/strict.dtd">
<!--2.html 标签-->
<html>
    <!--3.html 头部-->
    <head>
        <!--meta 标签-->
        <meta http-equiv="content-type" content="text/html; charset=utf-8">
        <!--title 标签-->
        <title>标题</title>
    </head>
    <body>
        <!--4.html 内容-->
    </body>
</html>
```

（2）HTML5 基本结构。

```
<!--1.HTML5 声明-->
<!DOCTYPE html>
<!--2.html 标签-->
<html>
    <!--3.html 头部-->
    <head>
        <!--meta 标签-->
        <meta charset="UTF-8" >
        <!--title 标签-->
        <title>标题</title>
    </head>
    <body>
        <!--4.html 内容-->
    </body>
</html>
```

（3）在 HTML5 基本结构中，<meta>标签的 charset 属性定义了 HTML 文档的字符编码。

（4）在 HTML 基本结构中，<title>标签用于定义 HTML 文档的标题，<body>标签用于定义网页的主体。

综上所述，第（1）空填写 charset，第（2）空填写 title，第（9）空填写 body。

8.3.4　index.html 文件【第（3）、（4）空】

第（3）、（4）空考查表单属性。

在 HTML 中，表单由<form>标签定义。

```
<form action="" method=""> </form>
```

（1）action 属性：定义表单提交的地址，通常为一个 URL 地址。

（2）method 属性：定义表单提交的方式，通常用 POST 方式，有时会用 GET 方式。

综上所述，第（3）空填写 action，第（4）空填写 method。

8.3.5　index.html 文件【第（5）～（8）空】

第（5）～（8）空考查 input 表单控件属性。

（1）题目分析：演示效果如图 8-11 所示。

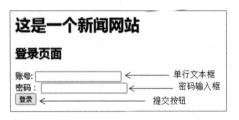

图 8-11

（2）大部分常见的表单控件元素用<input>标签来定义。

```
<input type="" name="" value="">
```

① type 属性：定义要显示的 input 元素控件的类型。

② name 属性：定义表单提交的方式，通常用 POST 方式，有时会用 GET 方式。

③ value 属性：定义 input 元素的值。

（3）通过给<input>标签定义不同的 type 属性值，可以实现在网页中显示不同的表单控件，如表 8-9 所示。

表 8-9

type 属性值	类型	用途
<input type="text">	单行文本框	可以输入一行文本
<input type="password">	密码输入框	可以输入一行文本，但该区域的字符会被掩码
<input type="radio">	单选按钮	相同 name 属性的单选按钮只能选一个
<input type="checkbox">	多选按钮	相同 name 属性的一组多选按钮可以选择一项或多项
<input type="submit">	提交按钮	单击后会将表单数据发送到服务器
<input type="reset">	重置按钮	单击后会清除表单中的所有数据
<input type="button">	按钮	定义按钮，大部分情况下执行的是 JavaScript 脚本
<input type="image">	图片形式的提交按钮	定义图像作为提交按钮，用 src 属性赋予图片的 URL
<input type="file">	选择文件控件	用于文件上传
<input type="hidden">	隐藏的输入区域	一般用于定义隐藏的参数

（4）对于不同的 input 表单控件类型，value 属性的用法也不同。

① 当 input 表单控件类型为按钮、提交按钮、重置按钮时，即当<input>标签的 type 属性值为"button"、"submit"、"reset"时，value 属性用于定义按钮上的文本。

② 当 input 表单控件类型为单行文本框、密码输入框、隐藏的输入区域时，即当<input>标签的 type 属性值为"text"、"password"、"hidden"时，value 属性用于定义输入字

段的初始值。

③ 当 input 表单控件类型为单选按钮、多选按钮、图片形式的提交按钮时，即<input>标签的 type 属性值为"radio"、"checkbox"、"image"时，value 属性用于定义与 input 元素相关的值，在提交表单时该值也会随之发送。

综上所述，第（5）空填写 text，第（6）空填写 password，第（7）空填写 submit，第（8）空填写 value。

8.3.6   news.html 文件【第（10）空】

此空考查表格边框属性。

（1）题目分析：演示效果如图 8-12 所示。

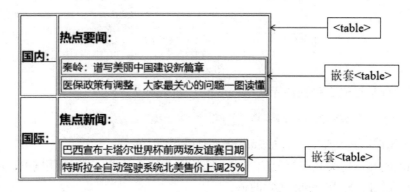

图 8-12

（2）表格标签。

在 HTML 中，表格是由<table>标签定义的，每个表格由若干行组成（行由<tr>标签定义），每行由若干单元格组成（单元格由<td>标签定义，表头单元格由<th>标签定义），单元格内容可以是文本、图片、列表，也可以是嵌套表格。

（3）表格标签<table>常用的属性、值和描述如表 8-10 所示。

表 8-10

属性	值	描述
border	px	设置表格边框的宽度
cellpadding	px、%	设置单元边沿与其内容之间的空白
cellspacing	px、%	设置单元格之间的空白
width	px、%	设置表格的宽
height	px、%	设置表格的高

```
<table border="1"  cellpadding="0"  cellspacing="0" width="400" height="300" >
   <tr>
   <th>第一列表头</th>
   <th>第二列表头</th>
   </tr>
   <tr>
      <td>第一行第一列单元格</td>
```

```
        <td>第一行第二列单元格</td>
    </tr>
    <tr>
        <td>第二行第一列单元格</td>
        <td>第二行第二列单元格</td>
    </tr>
</table>
```

（4）在表格标签<table>中，border 属性用于定义表格的边框。

综上所述，第（10）空填写 border。

8.3.7　news.html 文件【第（11）空】

此空考查超链接属性。

（1）题目分析：演示效果如图 8-13 所示。

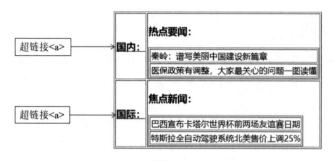

图 8-13

（2）超链接标签。

在 HTML 中，由<a>标签定义超文本链接。

```
<a href="" target="">链接文本</a>
```

① href 属性：指定超链接目标。href 属性值可以是绝对 URL、相对 URL 或锚 URL。未指派目标地址的超链接为空链接，在实际开发中有时会将空链接写成 href=""或 href="#"，单击空链接会产生回到网页顶部的效果。

② target 属性：指定在何处打开目标链接文档，其默认值为_self，其他的属性值还有_blank、_parent、_top 等。

综上所述，第（11）空填写 href。

8.3.8　参考答案

本题参考答案如表 8-11 所示。

表 8-11

小题编号	参考答案
1	charset
2	title
3	action

续表

小题编号	参考答案
4	method
5	text
6	password
7	submit
8	value
9	body
10	border
11	href

8.4 试题四

8.4.1 题干和问题

阅读下列说明、效果图，打开"考生文件夹\60027\class"文件夹中的文件，阅读代码，进行静态网页开发，在第（1）至（11）空处填写正确的代码，操作完成后保存文件。

【说明】

在某页面中实现了一个课程信息管理系统，用于展示班级课程表，效果如图 8-14 和图 8-15 所示。项目名称为 class，包含首页文件 index.html、课程表页文件 tableA.html。

具体要求：首页有一个搜索框和课程表超链接（见图 8-14）。当单击"A 班"课程表超链接时，以内联框架的方式显示 A 班课程表页面（见图 8-15）。

【效果图】

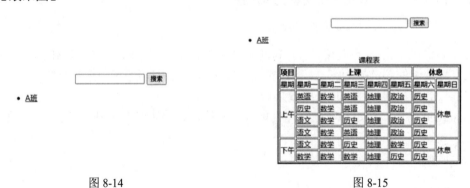

图 8-14   图 8-15

【问题】（22 分，每空 2 分）

（1）打开"考生文件夹\60027\class"文件夹中的文件"index.html"，根据代码结构和注释，在第（1）至（6）空处填入正确的内容，完成后保存该文件。

（2）打开"考生文件夹\60027\class"文件夹中的文件"tableA.html"，根据代码结构和注释，在第（7）至（11）空处填入正确的内容，完成后保存该文件。

注意：除删除编号（1）至（11）并填入正确的内容外，不能修改或删除文件中的其他任何内容。

index.html 文件代码:

```
<!DOCTYPE html>
<html lang="en">
<head>
    <meta charset="UTF-8">
    <title>课程网站</title>
</head>
<body>
<(1) align="center"><!--创建表单 第（1）空 -->
    <input type="(2)"><!--文本框 第（2）空 -->
    <input type="(3)" value="搜索"/><!--按钮 第（3）空 -->
</(1)> <!-- 第（1）空 -->
<ul><!--展示班级列表--><!--在指定的框架中打开被链接文档-->
    <li><a href="tableA.html" (4)="content_table">A 班</a></li>    <!-- 第（4）
空 -->
</ul>
<(5) (6)="content_table" frameborder="0" width="600" height=" 600" scrolling=
"no" src=""></(5)><!--导入表格 第（5）空和第（6）空 -->

</body>
</html>
```

tableA.html 文件代码:

```
<!DOCTYPE html>
<html lang="en">
<head>
    <meta charset="UTF-8">
    <title>Title</title>
</head>
<body>
<table (7)="3px" (8)="center"><!-- 表格，边框 3px，文字居中 第（7）空和第（8）空 -->
    <(9)>课程表</(9)>    <!-- 第（9）空 -->
    <!-- 表格标题 -->
    <tr>
        <th>项目</th>
        <!--使用表格合并列，"上课"这一格共跨越 5 列-->
        <th (10)="5" (8)="center">上课</th>    <!-- 第（8）空和第（10）空 -->
        <!--使用表格合并列，"休息"这一格共跨越 2 列-->
        <th (10)="2" (8)="center">休息</th>    <!-- 第（8）空和第（10）空 -->
    </tr>
    <tr>
        <td>星期</td>
        <td>星期一</td>
        <td>星期二</td>
        <td>星期三</td>
        <td>星期四</td>
        <td>星期五</td>
```

```
    <td>星期六</td>
    <td>星期日</td>
</tr>
<tr>
    <!--使用表格合并行，"上午"这一格共跨越4行-->
    <td (11)="4">上午</td><!-- 第（11）空 -->
    <td><a href="#">英语</a></td>
    <td><a href="#">数学</a></td>
    <td><a href="#">英语</a></td>
    <td><a href="#">地理</a></td>
    <td><a href="#">政治</a></td>
    <td><a href="#">历史</a></td>
    <!-- "星期日"这一列上午的"休息"这一格共跨越4行-->
    <td (11)="4">休息</td><!-- 第（11）空 -->
</tr>
<tr>
    <td><a href="#">历史</a></td>
    <td><a href="#">数学</a></td>
    <td><a href="#">英语</a></td>
    <td><a href="#">地理</a></td>
    <td><a href="#">政治</a></td>
    <td><a href="#">历史</a></td>
</tr>
<tr>
    <td><a href="#">语文</a></td>
    <td><a href="#">数学</a></td>
    <td><a href="#">历史</a></td>
    <td><a href="#">地理</a></td>
    <td><a href="#">政治</a></td>
    <td><a href="#">历史</a></td>
</tr>
<tr>
    <td><a href="#">语文</a></td>
    <td><a href="#">数学</a></td>
    <td><a href="#">英语</a></td>
    <td><a href="#">地理</a></td>
    <td><a href="#">政治</a></td>
    <td><a href="#">历史</a></td>
</tr>
<tr>
    <!--使用表格合并行，"下午"这一格共跨越2行-->
    <td (11)='2'> 下午</td>    <!-- 第（11）空 -->
    <td><a href="#">语文</a></td>
    <td><a href="#">数学</a></td>
    <td><a href="#">历史</a></td>
    <td><a href="#">地理</a></td>
    <td><a href="#">数学</a></td>
```

```
    <td><a href="#">历史</a></td>
    <!-- "星期日"这一列下午的"休息"这一格共跨越 2 行-->
    <td (11)="2">休息</td><!-- 第（11）空 -->
  </tr>
  <tr>
    <td><a href="#">数学</a></td>
    <td><a href="#">数学</a></td>
    <td><a href="#">数学</a></td>
    <td><a href="#">地理</a></td>
    <td><a href="#">历史</a></td>
    <td><a href="#">历史</a></td>
  </tr>
</table>
</body>
</html>
```

8.4.2　考核知识和技能

（1）表单标签。

（2）input 表单控件类型。

（3）内联框架标签。

（4）超链接的打开方式。

（5）表格属性。

（6）表格标题标签。

（7）单元格的属性。

8.4.3　index.html 文件【第（1）空】

此空考查表单标签。

（1）题目分析：演示效果如图 8-16 所示。

图 8-16

（2）在 HTML 中，表单用于收集用户的输入信息，由<form>标签定义。表单内部包含文本框、按钮等表单控件元素。

```
<form action="" method=""> </form>
```

示例如下。

```
<form name="input" action="login.html" method="get">
<p>用户名: <input type="text" name="user"></p>
   <p>密码: <input type="password" name="psw"></p>
```

```
    <p><input type="submit" value="登录"></p>
</form>
```

综上所述，第（1）空填写 form。

8.4.4　index.html 文件【第（2）、（3）空】

第（2）、（3）空考查 input 表单控件类型。

（1）题目分析：演示效果如图 8-17 所示。

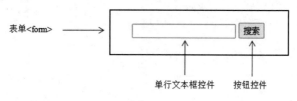

图 8-17

（2）大部分常见的表单控件元素由<input>标签定义，type 属性定义了要显示的 input 表单控件的类型。name 和 value 两个属性决定了表单提交时对应的参数分别从这两个属性获取。

```
<input type="" name="" value="">
```

（3）通过给<input>标签定义不同的 type 属性值，可以实现在网页中显示不同的表单控件，如表 8-12 所示。

表 8-12

type 属性值	控件类型
<input type="text">	单行文本框
<input type="password">	密码输入框
<input type="radio">	单选按钮
<input type="checkbox">	多选按钮
<input type="submit">	提交按钮
<input type="reset">	重置按钮
<input type="button">	按钮
<input type="image">	图片形式的提交按钮
<input type="file">	选择文件控件
<input type="hidden">	隐藏的输入区域

综上所述，第（2）空填写 text，第（3）空填写 button。

8.4.5　index.html 文件【第（5）、（6）空】

第（5）、（6）空考查内联框架标签。

（1）题目分析：单击"A 班"超链接时，以内联框架的方式显示 A 班课程表页面。演示效果如图 8-18 所示。

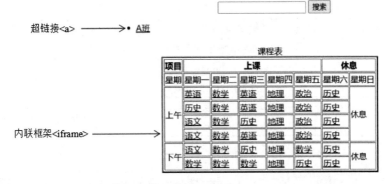

图 8-18

（2）内联框架标签。

在 HTML 的 body 元素中，由<iframe>标签定义内联框架，创建一个行内框架。可以将普通文本放入并作为元素的内容，用于应对遇到不支持 iframe 元素的浏览器时，显示提示信息告知用户。<iframe>标签的常用属性有 name、src、height、width 等。

```
<iframe name="" src="" width="" height=""> </iframe>
```

① name 属性：定义内联框架<iframe>的名称，常用于在 JavaScript 中引用元素，或者作为 a 元素或 form 元素的 target 属性的值，或者作为 input 元素或 button 元素的 formtarget 属性的值。

② src 属性：定义嵌入在<iframe>中的文档的地址，可以是指向另一个网站的绝对 URL，也可以是指向网站中的某一个文件的相对 URL。

③ width 属性：定义内联框架的宽度。

④ height 属性：定义内联框架的高度。

（3）在<iframe>内联框架标签中，name 属性用于定义框架的名称，以便超链接<a>通过引用目标框架的 name 属性值来实现单击超链接时在<iframe>内联框架中打开链接的页面。

综上所述，第（5）空填写 iframe，第（6）空填写 name。

8.4.6　index.html 文件【第（4）空】

此空考查超链接的打开方式。

（1）题目分析：单击"A 班"课程表超链接时，以内联框架的方式显示 A 班课程表页面。

（2）超链接标签。

在 HTML 中，由<a>标签定义超文本链接。

```
<a href="" target="">链接文本</a>
```

超链接标签<a>的常用属性有 href 和 target。href 属性用于指定超链接目标。target 属性用于指定在何处打开目标链接文档，其默认值为_self，其他的属性值还有_blank、_parent、_top 及 framename（框架名称）等，属性值及含义如表 8-13 所示。

表 8-13

属性值	含义
_self	在超链接所在的框架或窗口中打开目标页面
_blank	在新浏览器窗口中打开目标页面
_parent	在父框架集或父窗口中打开目标页面
_top	在整个窗口中打开目标页面
framename	在指定的框架中打开目标页面

示例如下。

```
<a href="http://www.163.com/" target="frame1">网易</a></li>
<iframe name="frame1" width="1000" height=" 600" src=""></iframe>
```

（3）本题中内联框架<iframe>的 name 属性值为"content_table"，即框架名称为 content_table。通过给超链接<a>设置 target 属性值为<iframe>的框架名称，可以实现单击超链接时在内联框架中打开目标链接网页，实现页面效果。

综上所述，第（4）空填写 target。

8.4.7　tableA.html 文件【第（7）、（8）空】

第（7）、（8）空考查表格属性。

（1）HTML 表格是由<table>标签定义的，表格标签<table>的常见属性、值和描述如表 8-14 所示。

表 8-14

属性	值	描述
border	px	表格边框的宽度
cellpadding	px、%	单元边沿与其内容之间的空白
cellspacing	px、%	单元格之间的空白
align	left、center、right	表格在页面中的对齐方式，分别是左对齐、居中对齐、右对齐

（2）在表格标签<table>中，border 属性用于定义表格的边框，align 属性用于定义表格的对齐方式。在单元格标签中，align 属性用于设置单元格内容的对齐方式。

综上所述，第（7）空填写 border，第（8）空填写 align。

8.4.8　tableA.html 文件【第（9）空】

此空考查表格标题标签。

（1）表格基本结构。

HTML 表格是由<table>标签定义的。表格标题用<caption>标签定义；每个表格均有若干行，用<tr>标签定义；每行被分割为若干单元格，用<td>标签定义，当单元格是表头时，一般用<th>标签定义。

```
<table border="1"  >
<caption>职业调查</caption>
```

```
    <tr>
        <th>姓名</th>
        <th>性别</th>
        <th>职业</th>
    </tr>
    <tr>
        <td>张三</td>
        <td>男</td>
        <td>学生</td>
    </tr>
    <tr>
        <td>李四</td>
        <td>女</td>
        <td>教师</td>
    </tr>
</table>
```

（2）在表格<table>中，<caption>标签用于定义表格的标题。

综上所述，第（9）空填写 caption。

8.4.9　tableA.html 文件【第（10）、（11）空】

第（10）、（11）空考查单元格的属性。

（1）题目分析：演示效果如图 8-19 所示。

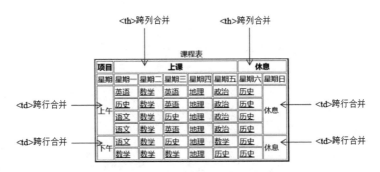

图 8-19

（2）HTML 表格的单元格类型有两种，表头单元格<th>和标准单元格<td>。单元格的常用属性有 colspan、rowspan 及 align 等，如表 8-15 所示。

表 8-15

属性	值	描述
colspan	整数	合并列，取值为跨列的单元格个数
rowspan	整数	合并行，取值为跨行的单元格个数
align	left、center、right	单元格内容的对齐方式，分别是左对齐、居中对齐、右对齐

（3）在 HTML 表格中，colspan 属性用于单元格跨列合并，rowspan 属性用于单元格跨行合并。

综上所述，第（10）空填写 colspan，第（11）空填写 rowspan。

8.4.10　参考答案

本题参考答案如表 8-16 所示。

表 8-16

小题编号	参考答案
1	form
2	text
3	button
4	target
5	iframe
6	name
7	border
8	align
9	caption
10	colspan
11	rowspan

反侵权盗版声明

电子工业出版社依法对本作品享有专有出版权。任何未经权利人书面许可，复制、销售或通过信息网络传播本作品的行为；歪曲、篡改、剽窃本作品的行为，均违反《中华人民共和国著作权法》，其行为人应承担相应的民事责任和行政责任，构成犯罪的，将被依法追究刑事责任。

为了维护市场秩序，保护权利人的合法权益，我社将依法查处和打击侵权盗版的单位和个人。欢迎社会各界人士积极举报侵权盗版行为，本社将奖励举报有功人员，并保证举报人的信息不被泄露。

举报电话：（010）88254396；（010）88258888

传　　真：（010）88254397

E-mail：　dbqq@phei.com.cn

通信地址：北京市万寿路 173 信箱
　　　　　电子工业出版社总编办公室

邮　　编：100036